一道色、香、味、形俱全的菜肴，不仅可以在朋友聚会中让你大显身手，还可以增进朋友之间的感情。

新手下厨
一本通

张红卫　主编

北京联合出版公司
Beijing United Publishing Co.,Ltd.

图书在版编目（CIP）数据

新手下厨一本通 / 张红卫主编． — 北京：北京联合出版公司，2014.4（2024.6 重印）

ISBN 978-7-5502-2812-2

Ⅰ．①新… Ⅱ．①张… Ⅲ．①菜谱 Ⅳ．① TS972.12

中国版本图书馆 CIP 数据核字（2014）第 071915 号

新手下厨一本通

主　　编：张红卫

责任编辑：管　文

封面设计：韩　立

内文排版：刘欣梅

北京联合出版公司出版

（北京市西城区德外大街 83 号楼 9 层　100088）

三河市万龙印装有限公司印刷　新华书店经销

字数 150 千字　787 毫米 ×1092 毫米　1/16　15 印张

2014 年 4 月第 1 版　2024 年 6 月第 4 次印刷

ISBN 978-7-5502-2812-2

定价：68.00 元

前言

民以食为天，如今饮食的多元化为我们的一日三餐带来了多样的选择。各种美食与我们的生活息息相关，美味可口的食物不仅可以提供人体日常所需的各种营养，而且对人体健康起着不可估量的作用。

有人说，幸福是一碗汤的距离。做一桌色香味俱全的美食佳肴，和家人一起享受幸福时光，是每个爱家人士的梦想。可是很多人或感慨自己不会做饭，或感叹自己厨艺不精，想用爱做好饭、用心烹佳肴，却苦于无从着手。对于初学者而言，需要多长时间才能学会做饭，以及如何逐步提高烹饪水平，是他们最关心的问题；对于厨艺不精的人来说，怎么才能在最短的时间内晋级为厨艺高手，精通各种烹饪方式及中外常见菜品，玩转厨房十八般武艺，也是迫切的需要。针对这几种生活中常见的问题，我们精心编写了这本《新手下厨一本通》。

菜该怎么切？肉又该怎么切？上浆、挂糊、勾芡都是什么意思？原料入锅前要进行哪些处理？……这些基本功都不明白的话，我们拿着菜谱也看不懂。本书从最基础的烹饪常识、健康饮食指南和烹饪技巧着手，配以精确精美的图片，为你分步介绍新手下厨需要了解和掌握的基础常识，从烹饪方法、烹饪术语、食物的种类与营养价值、食物的搭配原则到居民膳食指南、烹饪小窍门等，使你在正式学做各种美食之前，就可以通过看图了解烹饪基础知识，增加学习的信心。

我们按照食材的烹饪方式加以分类，并且遵循家庭用餐简单、实用、经典的原则，选取了一些食材便于购买、操作方法简单、广为熟知的美食，详细地加以介绍。我们从最基础的主食开始，教你轻松制作出品种繁多、营养丰富、老少皆宜的馒头、花卷、包子、饺子、馄饨、面条；然后再教你怎样轻松做出烙饼，怎样把米饭做出花样来，怎样熬制美味可口的养生粥；接下来是介绍各种清爽凉菜、炒菜、烧菜、蒸菜、炖菜、煎菜、炸菜、腌卤菜等的制作要点；饭后的营养汤羹，美味的中、西式小点甚至是高级的西式料理，都手把手教您一一掌握。

通俗易懂的语言，详尽清晰的分步详解图，200 多种常用食材，15 余种烹饪方式，近 500 道涵盖中西的特色美食——相信初学厨艺者只要按照本书的安排，掌握了书中介绍的烹调基础、烹饪窍门和各种实例，人人都可以学会做各种主食、炒菜、汤煲、料理、西餐等花样美食，从一些简单的菜品开始，让自己步步进阶，成为烹饪高手。而对于已经掌握了基本的烹饪方式的人来说，则可以从中学习新的菜式，掌握让菜品更加美味的烹饪小技巧，让厨艺锦上添花，轻轻松松地做出一桌让全家人胃口大开的美味菜肴，尽情享受烹饪带来的乐趣。

目录

5
第5部分
百变米饭

<卤菜>

<炒菜>

<烧菜>

<蒸菜>

< 炖菜 >

< 煎菜 >

< 炸菜 >

9
第9部分
营养汤羹

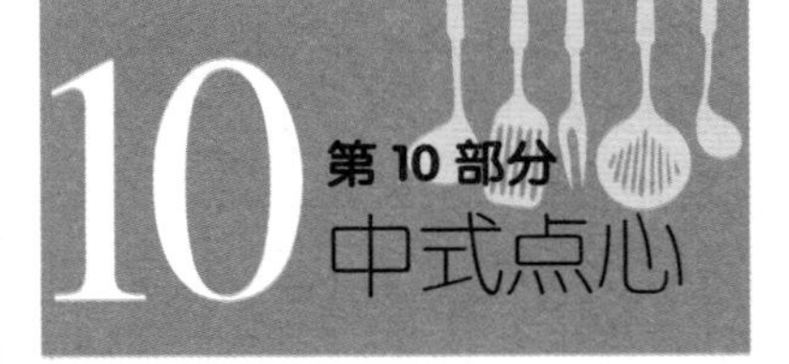
10
第10部分
中式点心

11 第 11 部分 西式糕点

12 第 12 部分 西餐料理

第 1 部分

新手下厨入门常识

一道好的菜肴，色香味形俱佳，不但让人在食用时感到满意，而且能让食物的营养更容易被人体吸收。在这一篇里，我们详细介绍了烹饪方法、常见的烹饪术语、怎样洗切食物及食物的营养搭配等烹饪常识，为你做得一手好菜做好充分准备。

下厨前要掌握的烹饪方法

烹饪过程中用到的烹饪方法有很多，如熘、炒、蒸、煮、炸等，掌握了这些烹饪方法，我们可以根据食材的特性，选择适合食材的烹饪方法，这样既可以让营养更丰富，也可以让味道更鲜美。本节将教你各种烹饪方法的操作要领，让你运用自如。

拌

拌是一种冷菜的烹饪方法，操作时把生的原料或晾凉的熟料切成小型的丝、条、片、丁、块等形状，再加上各种调味料，拌匀即可。

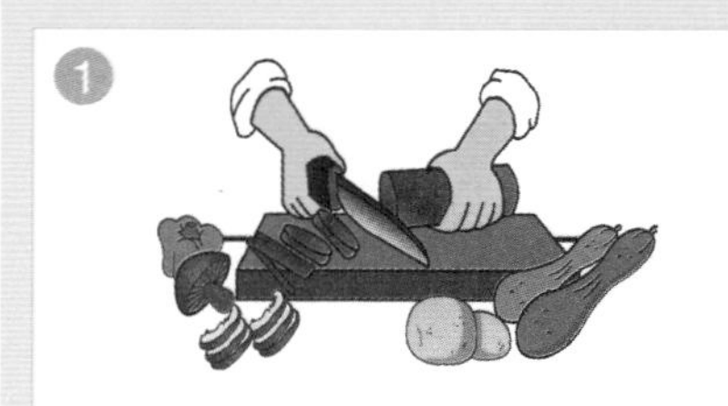

1 将原材料洗净，根据其属性切成丝、条、片、丁或块，放入盘中。

2 原材料放入沸水中焯烫一下捞出，再放入凉开水中凉透，控净水，入盘。

3 将蒜、葱等洗净，并添加盐、醋、香油等调味料，浇在盘内菜上，拌匀即成。

腌

腌是一种冷菜烹饪方法，是指将原材料放在调味卤汁中浸渍，或者用调味品涂抹、拌和原材料，使其部分水分排出，从而使味汁渗入其中。

1 将原材料洗净，控干水分，根据其属性切成丝、条、片、丁或块。

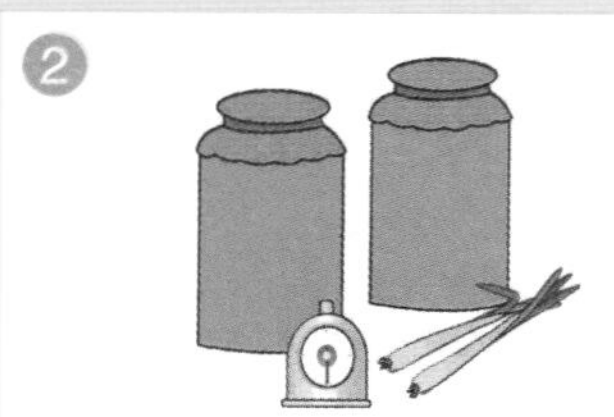

2 锅中加卤汁调味料煮开，晾凉后倒入容器中。将原料放容器中密封，腌7～10天即可。

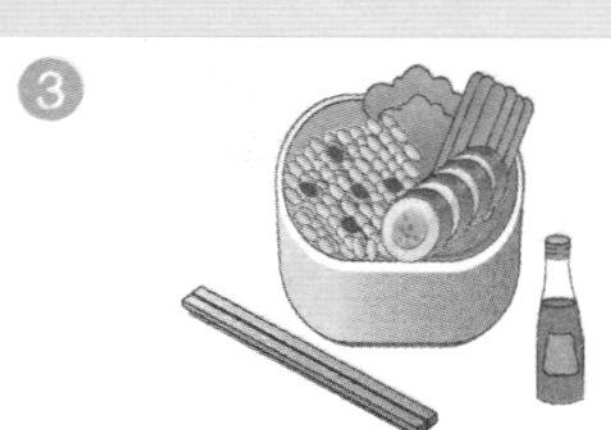

3 食用时可依个人口味加入辣椒油、白糖、味精等调味料。

卤是一种冷菜烹饪方法，指经加工处理的大块或完整原料，放入调好的卤汁中加热煮熟，使卤汁的鲜香滋味渗透进原材料的烹饪方法。调好的卤汁可长期使用，而且越用越香。

1

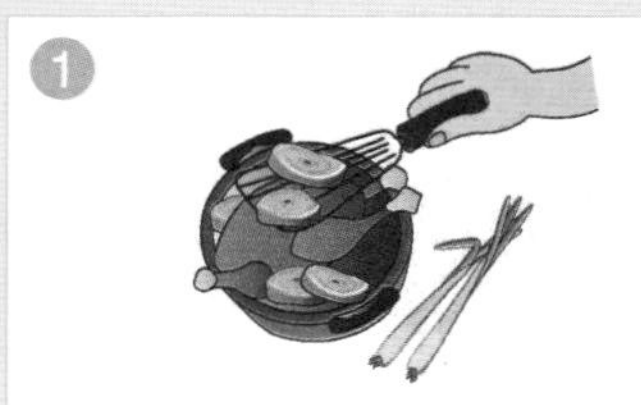

将原材料洗净，入沸水中汆烫以排污除味，捞出后控干水分。

2

将原材料放入卤水中，小火慢卤，使其充分入味，卤好后取出，晾凉。

3

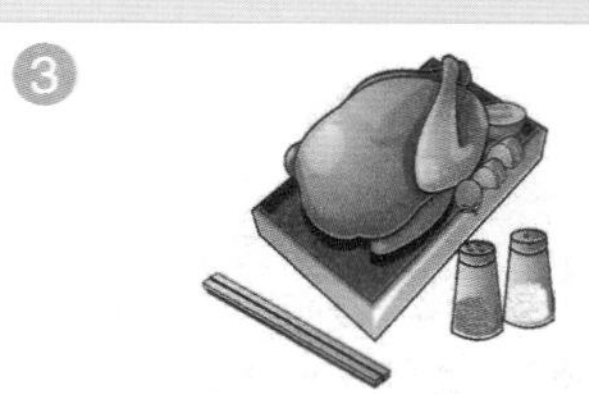

将卤好晾凉的原材料放入容器中，加入蒜蓉、味精、酱油等调味料拌匀，装盘即可。

炒

炒是最常用的一种烹调方法，以油为主要导热体，将小型原料用中火或旺火在较短时间内加热成熟，调味成菜的一种烹饪方法。

1

将原材料洗净，切好备用。

2

锅烧热，加底油，用葱、姜末炝锅。

3

放入加工成丝、片、块状的原材料，直接用旺火翻炒至熟，调味装盘即可。

熘

熘是一种热菜烹饪方法，在烹调中应用较广。它是先把原料经油炸或蒸煮、滑油等预热加工使成熟，然后再把成熟的原料放入调制好的卤汁中搅拌，或把卤汁浇在成熟的原料上。

1

将原材料洗净，切好备用。

2

将原材料经油炸或滑油等预热加工使成熟。

3

将调制好的卤汁放入成熟的原料中搅拌，装盘即可。

烧

烧是烹调中国菜肴的一种常用技法，先将主料进行一次或两次以上的预热处理之后，放入汤中调味，大火烧开后小火烧至入味，再用大火收汁成菜的烹调方法。

① 将原料洗净，切好备用。

② 将原料放锅中加水烧开，加调味料，改用小火烧至入味。

③ 用大火收汁，调味后，起锅装盘即可。

操作要点

1. 所选用的主料多数是经过油炸煎炒或蒸煮等熟处理的半成品。
2. 所用的火力以中小火为主，加热时间的长短根据原料的老嫩和大小而不同。
3. 汤汁一般为原料的四分之一左右，烧制后期转旺火勾芡或不勾芡。

焖

焖是从烧演变而来的，是将加工处理后的原料放入锅中加适量的汤水和调料，盖紧锅盖烧开后改用小火进行较长时间的加热，待原料酥软入味后，留少量味汁成菜的烹饪方法。

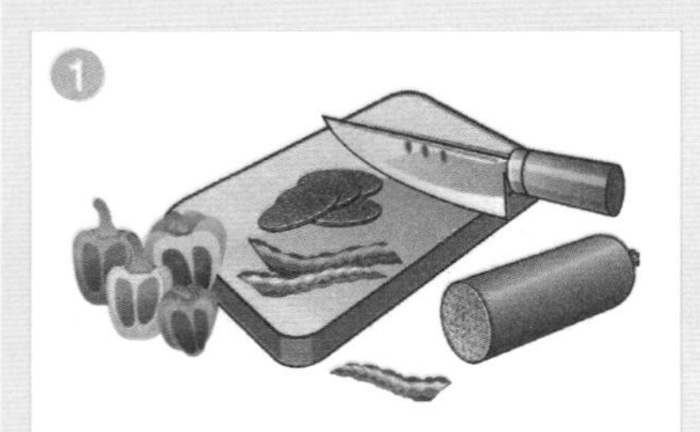

① 将原材料洗净，切好备用。

② 将原材料与调味料一起炒出香味后，倒入汤汁。

③ 盖紧锅盖，改中小火焖至熟软后改大火收汁，装盘即可。

操作要点

1. 要先将洗好切好的原料放入沸水中焯熟或入油锅中炸熟。
2. 焖时要加入调味料和足量的汤水，以没过原料为好，而且一定要盖紧锅盖。
3. 一般用中小火较长时间加热焖制，以使原料酥烂入味。

蒸

蒸是一种重要的烹调方法，其原理是将原料放在容器中，以蒸汽加热，使调好味的原料成熟或酥烂入味。其特点是保留了菜肴的原形、原汁、原味。

1 将原材料洗净，切好备用。

2 将原材料用调味料调好味，摆于盘中。

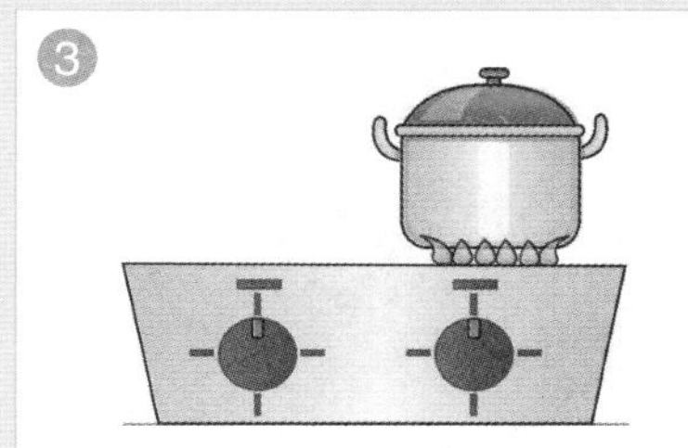

3 将其放入蒸锅，用旺火蒸熟后取出即可。

操作要点

1. 蒸菜对原料的形态和质地要求严格，原料必须新鲜、气味纯正。
2. 蒸时要用强火，但精细材料要使用中火或小火。
3. 蒸时要让蒸笼盖稍留缝隙，可避免蒸汽在锅内凝结成水珠流入菜肴中。

烤

烤是将加工处理好或腌渍入味的原料置于烤具内部，用明火、暗火等产生的热辐射进行加热的技法总称。其特点是原料经烘烤后，表层水分散发，产生松脆的表面和焦香的滋味。

1 将原材料洗净，切好备用。

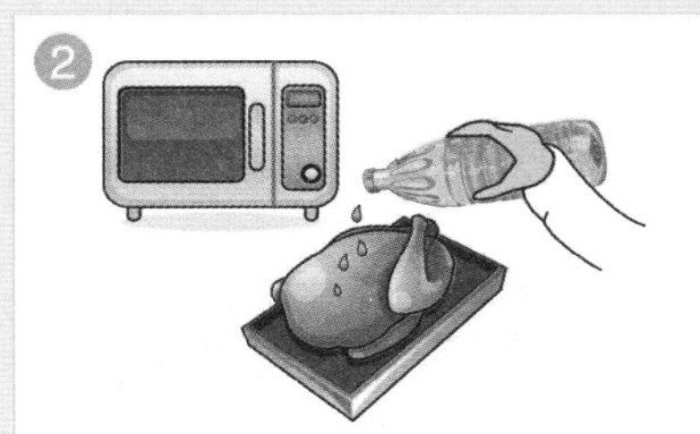

2 将原材料腌渍入味，放在烤盘上，淋上少许油。

3 最后放入烤箱，待其烤熟，取出装盘即可。

操作要点

1. 一定要将原材料加调味料腌渍入味，再放入烤箱烤，这样才能使烤出来的食物美味可口。
2. 烤之前最好将原材料刷上一层香油或植物油。
3. 要注意烤箱的温度，不宜太高，否则容易烤焦。另外还要掌握好时间的长短。

煎

一般日常所说的煎，是指先把锅烧热，再以凉油涮锅，留少量底油，放入原料，先煎一面上色，再煎另一面。煎时要不停地晃动锅，以使原料受热均匀，色泽一致，使其熟透，食物表面会呈金黄色乃至微糊。

① 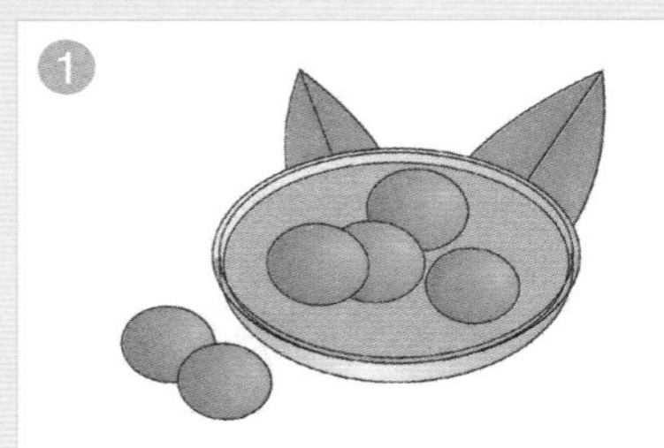

将原材料治净。

② 

锅烧热，倒入少许油，放入原材料。

③ 

煎至食材熟透，装盘即可。

操作要点

1. 用油要纯净，煎制时要适量加油，以免油少将原料煎焦了。
2. 要掌握好火候，不能用旺火煎；油温高时，煎食物的时间往往需时较短。
3. 还要掌握好调味的方法，一定要将原料腌渍入味，否则煎出来的食物口感不佳。

炸

炸是油锅加热后，放入原料，以食油为介质，使其成熟的一种烹饪方法。采用这种方法烹饪的原料，一般要间隔炸两次才能酥脆。炸制菜肴的特点是香、酥、脆、嫩。

① 

将原材料洗净，切好备用。

② 

将原材料腌渍入味或用水淀粉搅拌均匀。

③ 

锅下油烧热，放入原材料炸至焦黄，捞出控油，装盘即可。

操作要点

1. 用于炸的原料在炸前一般需用调味品腌渍，炸后往往随带辅助调味品上席。
2. 炸最主要的特点是要用旺火，而且用油量要多。
3. 有些原料需经拍粉或挂糊再入油锅炸熟。

炖是指将原材料加入汤水及调味品，先用旺火烧沸，然后转成中小火，长时间烧煮的烹调方法。炖出来的汤的特点是：滋味鲜浓、香气醇厚。

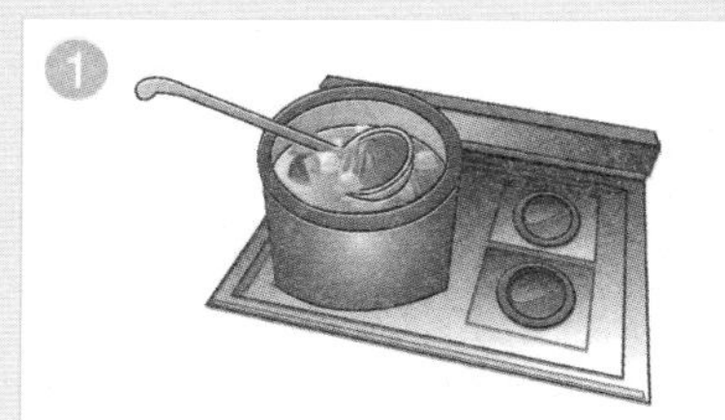

将原材料洗净，切好，入沸水锅中汆烫。

锅中加适量清水，放入原材料，大火烧开，再改用小火慢慢炖至酥烂。

最后加入调味料即可。

操作要点

1. 大多原材料在炖时不能先放咸味调味品，特别不能放盐，因为盐的渗透作用会严重影响原材料的酥烂，延长加热时间。
2. 炖时，先用旺火煮沸，撇去泡沫，再用微火炖至酥烂。
3. 炖时要一次加足水量，中途不宜加水掀盖。

煮

煮是将原材料放在多量的汤汁或清水中，先用大火煮沸，再用中火或小火慢慢煮熟。煮不同于炖，煮比炖的时间要短，一般适用于体小、质软的原材料。

将原材料洗净，切好。

油烧热，放入原材料稍炒，加入适量的清水或汤汁，用大火煮沸，再用中火煮至熟。

最后放入调味料即可。

操作要点

1. 煮时不要过多地放入葱、姜、料酒等调味料，以免影响汤汁本身的鲜味。
2. 不要过早过多地放入酱油，以免汤味变酸，颜色变暗发黑。
3. 忌让汤汁大滚大沸，以免肉中的蛋白质分子运动激烈使汤浑浊。

煲就是将原材料用文火煮，慢慢地熬。煲汤往往选择富含蛋白质的动物原料，一般需要三个小时左右。

先将原材料洗净，切好备用。

将原材料放入锅中，加足冷水，用旺火煮沸，改用小火烧20分钟，加姜和料酒等调料。

待水再沸后用中火保持沸腾3～4小时，浓汤呈乳白色时即可。

操作要点

1. 中途不要添加冷水，因为正在加热的肉类遇冷收缩，蛋白质不易溶解，汤便失去了原有的鲜香味。
2. 不要太早放盐，因为早放盐会使肉中的蛋白质凝固，从而使汤色发暗，浓度不够，外观不美。

烩

烩是指将原材料油炸或煮熟后改刀，放入锅内加辅料、调料、高汤烩制的烹饪方法，这种方法多用于烹制鱼虾、肉丝、肉片等。

将所有原材料洗净，切块或切丝。

炒锅加油烧热，将原材料略炒，或汆水之后加适量清水，再加调味料，用大火煮片刻。

然后加入芡汁勾芡，搅拌均匀即可。

操作要点

1. 烩菜对原材料的要求比较高，多以质地细嫩柔软的动物性原材料为主，以脆鲜嫩爽的植物性原料为辅。
2. 烩菜原料均不宜在汤内久煮，多经焯水或过油，有的原料还需上浆后再进行初步熟处理。一般以汤沸即勾芡为宜，以保证成菜的鲜嫩。

下厨前要知道的烹饪术语

焯水

焯水就是将初步加工的原料放在开水锅中加热至半熟或全熟，取出以备进一步烹调或调味。它是烹调中特别是凉拌菜中不可缺少的一道工序，对菜肴的色、香、味，特别是色起着关键作用。焯水，又称出水、飞水。

① 开水锅焯水注意事项

- 叶类蔬菜原料应先焯水再切配，以免营养成分损失过多。
- 焯水时应水多火旺，以使投入原料后能及时开锅。
- 焯制绿叶蔬菜时，略滚即捞出。蔬菜类原料在焯水后应立即投凉控干，以免因余热而使之变黄、熟烂。

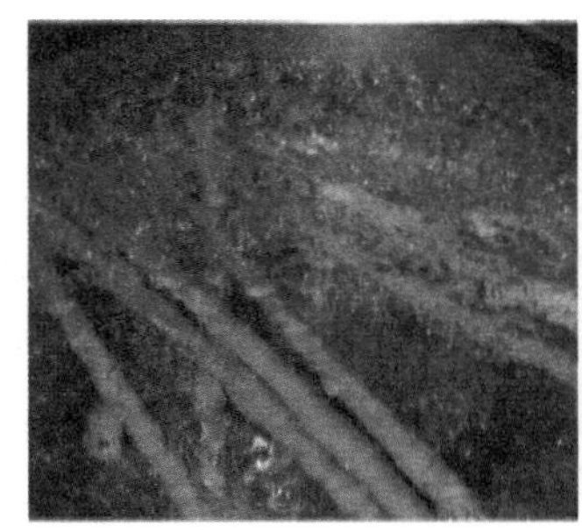

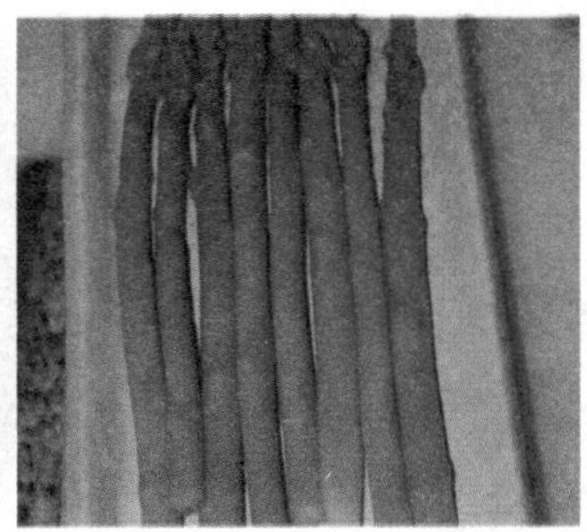

② 冷水锅焯水注意事项

- 锅内的加水量不宜过多，以淹没原料为度。
- 在逐渐加热过程中，必须对原料勤翻动，以使原料受热均匀，达到焯水的目的。

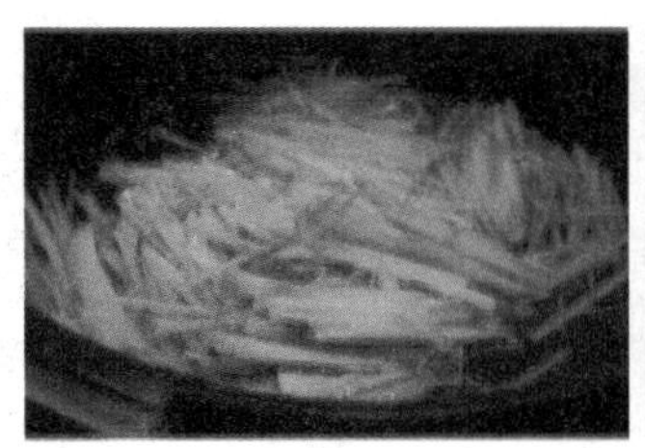

③ 焯水的作用

- 可以使蔬菜颜色更鲜艳，质地更脆嫩，减轻涩、苦、辣味，还可以杀菌消毒。
- 可以使肉类原料去除血污及腥膻等异味，如牛、羊、猪肉及其内脏焯水后都可减少异味。
- 可以调整不同原材料的成熟时间，缩短烹调时间。由于原料性质不同，加热成熟的时间也不同，可以通过焯水使几种不同的原材料一起成熟。
- 便于原料进一步加工操作，有些原料焯水后容易去皮，有些原料焯水后便于进一步加工切制等。

走油

又称炸。走油是一种大油量、高油温的加工方法，油温在七、八成热。走油的原材料一般都较大，通过走油达到炸透、上色、定型的目的。

注意事项

- 挂糊、上浆的原料一般要分散下锅；不挂糊、不上浆的原料应抖散下锅；需要表面酥脆的原料，走油时应该复炸，也叫“重油”；需要保持洁白的原料，走油时必须用猪油或清油（即未用过的植物油）。

过油

过油，是将备用的原料放入油锅进行初步热处理的过程。过油能使菜肴口味滑嫩软润，保持和增加原料的鲜艳色泽，而且富有菜肴的风味特色，还能去除原料的异味。过油时要根据油锅的大小、原料的性质以及投料多少等正确地掌握油的温度。

注意事项

- 根据火力的大小掌握油温。急火，可使油温迅速升高，但极易造成互相粘连散不开或出现焦糊现象。慢火，原料在火力比较慢、油温低的情况下投入，则会使油温迅速下降，导致脱浆，从而达不到菜肴的要求，故原料下锅时油温应高些。

- 根据投料数量的多少掌握油温。投料数量多，原材料下锅时油温可高一些；投料数量少，原材料下锅时油温应低一些。油温还应根据原料质地老嫩和形状大小等情况适当掌握。

- 过油必须在急火热油中进行，而且锅内的油量以能浸没原料为宜。原料投入后由于原料中的水分在遇高温时立即汽化，易将热油溅出，须注意防止烫伤。

挂糊

挂糊是指在经过刀工处理的原料表面挂上一层粉糊。由于原材料在油炸时温度比较高，粉糊受热后会立即凝成一层保护层，使原材料不直接和高温的油接触。

注意事项

● 蛋清糊，也叫蛋白糊，用鸡蛋清和水淀粉调制而成。也有用蛋清和面粉、水调制的。还可加入适量的发酵粉助发。制作时蛋清不打发，只要均匀地搅拌在面粉、淀粉中即可，一般适用于软炸，如软炸鱼条、软炸口蘑等。

● 蛋泡糊，将鸡蛋清用筷子顺一个方向搅打，打至起泡，筷子在蛋清中直立不倒为止。然后加入干淀粉拌和成糊。用它挂糊制作的菜，外观形态饱满，口感外酥里嫩。

● 蛋黄糊，用鸡蛋黄加面粉或淀粉、水拌制而成。制作的菜色泽金黄，一般适用于酥炸、炸熘等烹调方法。炸熟后食品外酥里嫩，食用时蘸调味品即可。

● 全蛋糊，用整只鸡蛋与面粉或淀粉、水拌制而成。它制作简单，适用于炸制拔丝菜肴，成品金黄色，外酥里嫩。

● 水粉糊，用淀粉与水拌制而成，制作简单方便，应用广，多用于干炸、焦、熘、抓炒等烹调方法。制成的菜色金黄、外脆硬、内鲜嫩，如干炸里脊、抓炒鱼块等。

● 脆糊，在发糊内加入17%的猪油或色拉油拌制而成，一般适用于酥炸、干炸的菜肴。制菜后具有酥脆、酥香、胀发饱满的特点。

改刀

中国烹饪行业专业术语，就是切菜。将蔬菜或肉类用刀切成一定形状的过程，或是用刀把大块的原料改小或改形状。改刀的方法包括切丁、切粒、切块、切条、切丝、切段、剁茸、切花、做球等，视菜品不同来选择具体的切法。

切丁

切粒

切丝

切段

怎样洗切食物

清洗蔬菜的一般方法

为了除去残留在蔬菜表皮上的农药，可使用淡盐水（1%～3%）洗菜，这种方法效果良好。此外，秋天的蔬菜容易生虫，虫子喜欢躲在菜根或菜叶的褶纹里。用淡盐水将菜泡一泡，可除去虫子。在冰箱中贮存时间较长的菜容易发蔫，可在清水中滴三五滴食醋，将菜泡五六分钟后再洗净，可使蔬菜回鲜。

去除蔬菜中的残留农药

●烫洗除农药

对于豆角、芹菜、青椒、西红柿等，先烫5～10分钟再下锅，能清除部分农药残留。

●削皮去农药

对萝卜、胡萝卜、土豆、冬瓜、苦瓜、黄瓜、丝瓜等瓜果蔬菜，最好在清水漂洗前先削掉皮。特别是一些外表不平、细毛较多的蔬果，容易沾上农药，去皮可有效除毒。

●冲洗去农药

对韭菜花、黄花菜等花类蔬菜可一边排水一边冲洗，然后在盐水中浸泡一下。

●用淘米水去除蔬菜农药

呈碱性的淘米水，对解有机磷农药的毒有显著作用，可将蔬菜在淘米水中浸泡10～20分钟，再用清水将其冲洗干净，就可以有效地除去残留在蔬菜上的有机磷农药；也可将2匙小苏打水中加入盆水中，再把蔬菜放入水中浸泡5～10分钟，再用清水将其洗净。

●加热烹饪去蔬菜农药

经过加热烹煮后大多数农药都会分解，所以，烹煮蔬菜可以消除蔬菜中的农药残留。加热也可使农药随水蒸气蒸发而消失，因此煮菜汤或炒菜时不要加盖。

清洗冷冻食物

在冷盐水中解冻鸡、鱼、肉等，不仅速度快，且成菜后味道鲜美。也可将冷冻食品用姜汁泡约半小时后再清洗，不仅能洗净脏物，还能除腥添香。将冻肉放入啤酒中浸泡 15 分钟左右，捞出来用清水洗净能消除异味。

切肉技巧

●斜切猪肉

猪肉较为细腻，肉中筋少，所以要斜着纤维切，这样既不断裂，也不塞牙。

●横切牛肉

牛肉要横着纤维纹路切，因为牛肉的筋都顺着肉纤维的纹路分布，若随手便切，则会有许多筋腱未被切碎，会使加工的牛肉很难嚼烂。

●切羊肉

羊肉中分布着很多膜，在切之前要将其剔除干净，以避免炒熟后的肉质发硬，嚼不烂。

●顺切鸡肉

鸡肉较细嫩，肉的含筋量最少，顺着纤维切，才能使成菜后的肉整齐美观。

●切鱼肉用快刀

切鱼肉要使用快刀，由于鱼肉质细且纤维短，容易破碎。将鱼皮朝下，用刀顺着鱼刺的方向切入，切时要利索，这样炒熟后形状才完整，不致于凌乱破碎。

认识我们的食物

食物对于生命的重大作用不是在一时一地发生，而是天长日久地持续进行，不同的食物会对身体产生不同的作用。要想知道食物对我们的身体究竟有哪些作用，就要先认识食物，认识食物能帮助我们对有利于健康的食物做出正确选择，正确地认识和选择食物是保证健康的前提和基础。

食物种类和营养价值分类

● **谷类**

谷物食品主要含有纤维、矿物质、B 族维生素等营养素，分为全谷类和加工谷类。

①全谷类食品。提到谷类食品，我们会想到面包、麦片粥、面粉、米饭，但鲜有人能够知道全谷类食品和加工谷类食品之间的区别。全谷类食物中，麸皮、胚芽和胚乳的比例和它们在被压碎或剥皮之前的比例是一样的。 面粉、加工面粉、去除胚芽的玉米粉并不是全谷类食物，在食物中加了麸皮的食物也不是全谷类食物。全谷类食物是纤维和营养素的重要来源。它们能够提高我们的耐力，帮我们远离肥胖、糖尿病、疲劳、营养不良、神经系统失常、胆固醇相关心血管疾病以及肠功能紊乱。

②加工谷类。谷类在加工时，麸皮和胚芽基本上都除掉了，同时把膳食纤维、维生素、矿物质和其他有用的营养素比如木脂素、植物性雌激素、酚类化合物和植酸也一起除掉了。但加工谷类的质地更细一些，保存期也更长一些。现在，很多加工谷类中被人工加入了很多营养素，也就是说，在这些加工谷类中加入了铁、B 族维生素（叶酸、维生素 B_1、维生素 B_2 和烟酸等）。不过，在这种再加工的谷类中，往往不会加入纤维，除非加进了麸皮。

除了一般的营养素，全谷类食物中还含有其他营养素，对身体健康非常重要。木酚素和植物性雌激素（异黄酮素）是类雌激素，存在于一些植物和植物产品中。木脂素化合物或者多酚是非常强的抗氧化物，特别是类黄酮。除了强化免疫系统，它们还有助于预防心脏病和高血压，还能强化身体整个系统。多酚还有抗生素和抗病毒的效果。全谷类食物中发现的另一个重要的补充物是植酸，也叫肌醇六磷酸。所有这些营养素都可以预防癌症。多吃全谷类食物最大的优点之一就是谷类位于食物链的最底部，它们受的污染最轻。所以，多吃谷类可以减少杀虫剂和其他化学物质的摄入。

谷类的建议日摄入量为 300 ~ 500 克。

●动物性食物

这一类食物包括猪肉、牛肉、羊肉、兔肉等畜肉类，鸡、鸭、鸽子等禽肉类，水产中的鱼虾贝类以及以上食物的副产品如奶类和蛋等。动物性食物是人类获取蛋白质、脂肪、热量以及多种矿物质和维生素的重要来源。人体组织的大约 20%是由蛋白质组成的，人体生长需要 22 种氨基酸来配合，其中只有 14 种能够由人体自身来产生。剩下的 8 种氨基酸是：色氨酸、亮氨酸、异亮氨酸、赖氨酸、缬氨酸、苏氨酸、苯丙氨酸和蛋氨酸。这 8 种氨基酸是人体必不可少的，而机体内又不能合成，必须从食物中获得的，称必需氨基酸。肉类和豆类组中所有的食物都含有必需氨基酸。除了蛋白质之外，肉类中还有其他种类的营养物质。但肉类最大的缺点之一是它含有饱和脂肪酸。动物性食品的日建议摄入量为 125 ~ 200 克。

●豆类及其制品

豆类是指豆科农作物的种子，有大豆、蚕豆、绿豆、赤豆、豌豆等，就其在营养上的意义与消费量来看，以大豆为主。各种豆类蛋白质含量都很高，如大豆为 41%、干蚕豆为 29%、绿豆为 23%、赤豆为 19%。大豆所含蛋白质质量好，其氨基酸的组成与牛奶、鸡蛋相差不大，豆类蛋白质氨基酸的组成特点是均富含赖氨酸，而蛋氨酸稍有不足。由大豆制成的豆制品包括豆腐、豆浆等营养也十分丰富。大豆异黄酮有多种结构，其中三羟基异黄酮具有雌激素活性，对骨质疏松、心脏病等许多慢性疾病具有预防作用。豆类及豆制品的建议日摄入量为 50 克。

●蔬菜水果类

这类食物中，除含有蛋白质、脂肪、糖、维生素和矿物质外，还有成百上千种植物化学物质。这些天然的化学物质，是植物用于自我保护、避免遭受自然界细菌、病毒和真菌侵害的具有许多生物活性的化合物。尽管人们目前对每一种植物化合物的生物活性还不完全了解，但可以肯定的是它们对人类健康包括预防和对抗皮肤过敏、各种病原体的入侵乃至人类衰老和癌

症等，都有着重要影响。

植物化学物质具有一系列潜在的生物活性，如提高免疫力、抗氧化和自由基、抑制肿瘤生成、诱导癌细胞良性分化等。有激素活性的植物化学物质还可抑制与激素有关的癌症发展。例如儿茶酚能遏止癌细胞分裂，减缓其扩散速度。黄酮类物质可延长体内重要抗氧化剂（如维生素C、维生素E和β－胡萝卜素）的作用时间，降低血小板活性，防止血液凝集，从而对心血管疾病如中风、冠状心脏病等具有预防作用。

多吃蔬菜还可以降低患Ⅱ型糖尿病、口腔癌、胃癌、结肠直肠癌、肾结石、高血压等疾病的风险。蔬菜水果类食物的日建议摄入量为1000克。

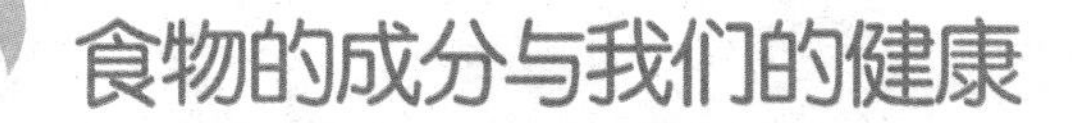

食物的成分与我们的健康

对于味觉来说，食物仅仅能提供感官上的刺激，我们能品尝出并记住各种食物不同的味道，这也是我们对食物最表层的认识。但是对于整个身体，食物提供的不仅是味觉刺激，还意味着蛋白质、维生素等基本的营养成分，意味着机体的各个器官和系统的正常运行，意味着生命的延续和个体的生长发育。要想了解食物怎样影响我们的健康，就要先了解它们的基本组成成分有哪些。

●蛋白质

蛋白质是生命与各种生命活动的物质基础，是构成器官的重要元素，是由20多种氨基酸按不同的顺序和构型构成的一种复杂的高分子有机物。蛋白质是构成细胞膜、细胞核的主要成分，参与重要的生理生化活动。另外，蛋白质也供给热能，1克蛋白质在体内氧化分解可产生17千焦的热量。碳水化合物、脂肪和蛋白质都含有氧、氢、碳元素，但是只有蛋白质含有氮、硫和磷元素。所有这些营养素对生命、生长和维持健康都很重要。血液中的蛋白质能够平衡含水量和酸碱度。蛋白质还能形成抗体来抵抗传染病。我们的骨骼、牙齿、指甲、肌腱和肌肉都是由纤维蛋白组成的。想保持它们的健康，必须要摄入足够的蛋白质，否则身体会从它存储的蛋白质中借用，对骨骼和肌肉造成破坏。

蛋白质存在于肉类、禽类、鱼类、贝类、坚果、种子、豆类、谷类、奶制品和蛋类中。蛋白质消化的时间比碳水化合物和脂肪要长一些，但是过程基本相似。酶把大的蛋白质分子分解成小的蛋白质分子，叫做氨基酸。这些小分子会融进血液运输到身体的各个细胞，来构成和修补身体组织。而且血红蛋白也是由蛋白质构成的。

●矿物质和微量元素

矿物质和微量元素包括钙、铁、磷、钾、钠、镁、锌等多种物质，这类物质不含热量，但是它们是地球上所有物质的构成基础。几乎所有食物都能提供或多或少的矿物质和微量元素，我们的身体利用、存储和消耗掉矿物质和微量元素，它们支持身体结

构和功能，帮助身体产生能量。矿物质有时相互之间能抵消，我们最好吃健康一些的食品来保证身体摄取足量的矿物质和微量元素。

●碳水化合物

碳水化合物是一大类具有碳、氢、氧元素的化合物，是人类从膳食中获得热能的最经济和最主要的来源。它按化学结构大致可分为单糖类、双糖类、多糖类。碳水化合物存在于谷类产品（如面包、米饭等）、玉米、土豆及其他蔬菜、水果和糖果中。它们是由成千上万个葡萄糖分子构成的。消化系统把这些分子分解成独立的葡萄糖分子，进入血液循环。如果它们不能作为能量被马上消耗掉，多余的葡萄糖就会转化成糖原存储在肝脏和肌肉中。当糖原存储到饱和状态时，如果热量的需要也已满足，这些糖原就会转化成脂肪存储在脂肪组织中。

●维生素

维生素是一组有机化合物，包括维生素A、B族维生素，维生素C、维生素D和维生素E等几大类，它们共同的特点是能够加强氨基酸、碳水化合物和脂肪在人体器官内的新陈代谢。这就是说，尽管维生素本身不能为身体提供能量，但是却能促进新陈代谢，把食物转化成人体所需要的能量。B族维生素，包括烟酸、维生素B_1、维生素B_2和维生素B_6等，能帮助身体释放能量、建立新组织、生成血红细胞，保持神经系统的良好运转。作为抗氧化物，维生素E在细胞氧化过程中保护维生素A和必需氨基酸不受侵害。谷物和动物性食品能提供大量的B族维生素；蔬菜和水果是维生素C的主要来源；维生素D和维生素E以及一部分维生素A大量存在于动物性食物中，蔬菜和水果如胡萝卜、芒果当中也含有维

生素A的植物形式即胡萝卜素。

●脂肪

脂肪由脂肪酸组成，是由三分子脂肪酸与一分子甘油脱去三分子水构成的酯，通常不溶于水。脂肪是人体三大能量来源之一，每克脂肪可供37千焦热量，是构成机体组织、供给必需脂肪酸、协助吸收利用脂溶性维生素的重要营养素。脂肪存在于黄油、人造黄油、植物油、调味汁、奶制品（脱脂牛奶除外）、烘烤食品、坚果、种子、肉类（肉眼可以看见的脂肪）、鱼类和贝类（肉眼看不见的脂肪）中。脂肪是产生能量的最重要的营养素，所以我们的身体需要一小部分脂肪。胆汁酸能通过血液循环促进脂肪的消化。如果不能作为能量消耗掉，脂肪就会存储在组织中备用。

充分发挥食物中的营养

●选择时令食品

中医认为，食物和药物一要讲究“气”，二要讲究“味”。因为在中医看来，食物和药物都是由气味组成的，而它们的气味只有在当令时，即生长成熟符合节气的时候，才能得天地之精气。《黄帝内经》中有一句名言叫做“司岁备物”，就是说要遵循大自然的阴阳气化采备药物、食物，这样的药物、食物得天地之精气，营养价值高。所以人们吃菜应该吃应季菜，动植物都要在一定的生长周期内才能成熟，味道和营养才能保证最佳。违背自然生长规律的菜，违背了春生夏长秋收冬藏的寒热消长规律，会导致食品寒热不调，气味混乱，成为所谓的“形似菜”。如夏天的白菜，外表可以，但味道远不如冬天的，而冬天的番茄大多质硬而无味。

时令食品不仅比较新鲜，而且味道比较纯正，价格也较低。大棚菜接受日照的时间和强度不如在自然条件下生长的蔬菜。日照会影响蔬菜中糖分和维生素的合成，所以反季节蔬菜的糖和维生素的含量会比同类的时令蔬菜略低，这也是为什么大多数反季节蔬菜吃起来味道较淡的原因。但这并不意味着反季节蔬菜的营养比时令蔬菜差得特别多，因为人体进食蔬菜，除了维生素，还要对其所含纤维和叶绿素等成分进行吸收，至于糖分和维生素，可以通过别的食品加以补充。反季节蔬菜只要烹饪得当，大可放心食用。

●食物的选购

尽量购买当地产的水果和蔬菜或有机生长的水果和蔬菜以及有机肉、禽和新鲜的鱼，少买或者不买加工食物。买海鲜时要买那些肉很坚实、气味很新鲜的。不要只看颜色来选肉。肉闻起来要很新鲜，不能是黏糊糊的。不要选择加调味品和防腐剂的肉。买回食品后马上带回家，特别是把那些容易腐烂变质的食品马上冷冻起来，这样能够保鲜，也能防止细菌在食物上繁殖。在炎热的天气里，把食物运回家时最好放在有空调的车厢里，不要放在温度较高的后备箱。

除了新鲜食品外，冷冻食物是第二选择，然后才是罐头食品，因为罐头食品中通常含有较多的钠。另外，还要注意检查罐头食品，看有没有什么东西

粘在外面。因为如果有的话，可能表示这盒罐头漏了。另外， 买带包装的食物时，一定要看食品标签上的保质日期。新鲜的食物如果不能马上食用，就需要储存起来。在日常饮食中，有许多食物都是经过储存后被食用的。储存的方式会对食物的营养成分造成影响，最常用的是方便储存法和保鲜储存法，用这两种方法保存食物时，需要注意一些问题。

保鲜储存法是指将食物放在温度比室温低的冰箱里进行保存，这样可以减慢新陈代谢的速度，从而保证食物新鲜的品质并尽可能地保留营养素。

把冰箱保鲜室的温度保持在5℃或更低一点，这样能延缓细菌的生长，冷冻室的温度控制在 -18℃。手动调节后，冰箱内的平均温度一般会在6小时后调整过来。一定要把食物存放在密封容器中，因为接触氧气会导致食物营养流失。可以把食物用保鲜膜包好缠紧。如果用塑料袋，在密封前一定要将空气都挤出来。保存罐头时，一定要检查罐头盒上的食品标签，看一下这种食品到底该怎么

保存。用冰箱自带的储蛋板来储存蛋类，不要把它们放在冰箱门后面，因为那里的温度要高一些。海鲜在烹饪之前一定要存储在冰箱的保鲜室或冷藏室内。禽类和肉类买回来之后不需处理，可以直接用塑料保鲜膜包好放在冰箱里保存一两天。如果马上要切一块用，可以切下来后用保鲜膜松松地包好，放在保鲜室里，但是不要让肉汁滴到别的食物上。除了鲜肉、蔬菜和奶制品之外，还有很多食品也需要冷藏，如沙拉酱和番茄酱打开后一定要放进保鲜室里。保鲜室里的生肉、生禽、海鲜和其他食物分开存放。煮熟的食物要在2小时内就放到保鲜室里。易腐烂的食物和剩饭剩菜要在2小时内就放起来冷藏或冷冻，剩饭剩菜放在冰箱中保存的话最好不要超过3天。冷冻食品除了维生素C会受到损失外，其他营养素并不会流失。对于肉类和禽类产品来说，冷冻的过程中蛋白质基本没什么变化。如果食物在冷藏室内冷冻的时间过长，其味道、气味、汁液和颜色都会有所改变。如果食物在密封袋中没有封好，食物包装中就会进入空气，食物的表面会变得干燥坚硬。食物中色素发生化学反应，会导致食物的颜色发生变化。尽管食物在冰箱里风干后没有新鲜的时候那么好，但它还是很安全的，只是食物表面比较干燥，在烹饪前去掉这部分就可以了。

●食物的烹饪

精心地准备食物是保存维生素和促进消化的关键所在。烹饪经常会改变食物的营养价值，有时候对健康不利，而有时候对健康有益。

烹饪的益处在于，可以杀灭细菌和其他潜在的有害微生物， 去掉蔬菜和谷类中不能消化的部分，解除化学键，释放更多的营养，使β-胡萝卜素、番茄红素、铁、钙、镁更容易吸收并能提高淀粉中碳水化合物的生物利用率，使它更容易被人体消化

吸收。

除非蔬菜枯萎了，否则做菜时可以把蔬菜最外面的叶子和里面的叶子一起用。如果枯萎的话，可以用它们来做汤。如果是做沙拉，把蔬菜上的水擦干或控干；如果是烹饪，那么让它们湿着就可以了。缩短加热的时间，烹饪蔬菜的时候，只要做到软脆就好了，不要煮到很软。如果用水煮蔬菜，那么把煮蔬菜的水留着，因为营养都在汤里，可以用来做汤、酱汁、炖菜或蔬菜汁。做菜要快，这样既可以保持它们的颜色新鲜，也可以保存营养，而且还能避免它们味道变坏。

其实只有蔬菜和水果才需要这么精心地准备，以保证其丰富的营养不会流失。在加工的过程中要注意，营养素通常存在于外面的叶子，并且离表皮很近，所以，过于精细的加工或者剥皮剥得太多，都会大大地削弱蔬菜的营养价值。

蔬菜切碎后与水的直接接触面积增大很多倍，会使蔬菜中的水溶性维生素如 B 族维生素、维生素 C 和部分矿物质以及一些能溶于水的糖类溶解在水里而流失。而且蔬菜切碎后还会增大被蔬菜表面细菌污染的机会。因此蔬菜不能先切后洗，而应该先洗后切。

对于蔬菜来说，白水煮可能是最容易导致营养素流失的因素了，因为有些维生素会溶解在水中。烧烤、烘烤、蒸、炒和微波烹饪都能保存相对较多的维生素和其他营养素，因为这些烹饪方法只用很少的水或基本不用水。通常蔬菜烹饪的时间越长、温度越高、使用的水越多，营养流失的越多。

蔬菜尤其是绿叶蔬菜应旺火速炒，即加热温度为 200℃ ~ 250℃，加热时间不超过 5 分钟。这样可以防止维生素和可溶性营养成分的流失。旺火速炒，锅内温度高，可使蔬菜组织内的氧化酶迅速变性失活，防止维生素 C 因酶促氧化而损失。据测定，叶类蔬菜用旺火速炒的方法可使维生素 C 保存率达 60% ~ 80%；维生素 B2 和胡萝卜素可保留 76% ~ 94%。而用煮、炖、焖等方法烹制蔬菜，维生素 C 损失较大，如大白菜切块煮 15 分钟，维生素 C 会损失 45%。旺火速炒，由于温度高、翻动勤、受热均匀，成菜时间短，可防止蔬菜细胞组织失水过多，同时叶绿素破坏少，原果胶物质分解少，从而既可保持蔬菜质地脆嫩、色泽翠绿，又可保持蔬菜的营养成分。有些维生素的稳定性比其他维生素要好一些。脂溶性维生素在食物的加工、存储和烹饪过程中要比水溶性维生素更稳定一些。举个例子，维生素 C 如果暴露在热源、空气、氧气和光照下，很容易就会被破坏掉。

平衡膳食宝塔

我国早在上个世纪 80 年代就提出了“每日膳食中营养素供给量”用来指导我国居民的日常营养摄入。我国的膳食结构同其他国家不同，因此需要专门针对我们现有的膳食模式进行指导，基于此，我国推出了有针对性的《中国居民膳食指南》，引导居民合理食物消费，给出健康饮食明确的指导性原则。

《中国居民膳食指南》

●食物多样、谷类为主

人类的食物是多种多样的。各种食物所含的营养成分不完全相同。除母乳外，任何一种天然食物都不能提供人体所需的全部营养素。平衡膳食必须由多种食物组成，才能满足人体各种营养需要，达到合理营养、促进健康的目的，因而要提倡人们广泛食用多种食物。多种食物应包括以下 5 大类：

第 1 类为谷类及薯类：谷类包括米、面、杂粮，薯类包括土豆、甘薯、木薯等，主要提供碳水化合物、蛋白质、膳食纤维及 B 族维生素。

第 2 类为动物性食物：包括肉、禽、鱼、奶、蛋等，主要提供蛋白质、脂肪、矿物质、维生素 A 和 B 族维生素。

第 3 类为豆类及其制品：包括大豆及其他干豆类，主要提供蛋白质、脂肪、膳食纤维、矿物质和 B 族维生素。

第 4 类为蔬菜水果类：包括鲜豆、根茎、叶菜、茄果等，主要提供膳食纤维、矿物质、维生素 C 和

胡萝卜素。

第5类为纯热能食物：包括动植物油、淀粉、食用糖和酒类，主要提供能量。植物油还可提供维生素E和必需脂肪酸。

谷类食物是中国传统膳食的主体。随着经济发展，生活改善，人们倾向于食用更多的动物性食物。如今在一些比较富裕的家庭中动物性食物的消费量已超过了谷类的消费量。这种“西方化”或“富裕型”的膳食提供的能量和脂肪过高，而膳食纤维过低，对一些慢性病的预防不利。提出谷类为主是为了提醒人们保持我国膳食的良好传统，防止发达国家膳食的弊端。另外要注意粗细搭配，经常吃一些粗粮、杂粮等。稻米、小麦不要碾磨太精，否则谷粒表层所含的维生素、矿物质等营养素和膳食纤维大部分流失到糠麸之中。

●多吃蔬菜、水果和薯类

蔬菜与水果含有丰富的维生素、矿物质和膳食纤维。蔬菜的种类繁多，包括植物的叶、茎、花、茄果、鲜豆、食用蕈藻等，不同品种所含营养成分不尽相同，甚至悬殊很大。红、黄、绿等深色蔬菜中维生素含量超过浅色蔬菜和一般水果，它们是胡萝卜素、维生素B_2、维生素C和叶酸、矿物质、膳食纤维和天然抗氧化物的主要或重要来源。猕猴桃、刺梨、沙棘、黑加仑等也是维生素C、β－胡萝卜素的丰富来源。

有些水果维生素及一些微量元素的含量不如新鲜蔬菜，但水果含有的葡萄糖、果糖、柠檬酸、苹果酸、果胶等物质又比蔬菜丰富。红黄色水果如鲜枣、柑橘、柿子和杏等是维生素C和胡萝卜素的丰富来源。

薯类含有丰富的淀粉、膳食纤维，以及多种维生素和矿物质。我国

居民近年来吃薯类较少，应当鼓励多吃些薯类。

含丰富蔬菜、水果和薯类的膳食，对保持心血管健康、增强抗病能力、减少儿童发生干眼病的危险及预防某些癌症等方面，起着十分重要的作用。

●常吃奶类、豆类或其制品

奶类除含丰富的优质蛋白质和维生素外，含钙量较高，且利用率也很高，是天然钙质的极好来源。我国居民膳食提供的钙质普遍偏低，平均只达到推荐供给量的一半左右。我国婴幼儿佝偻病的患者也较多，这和膳食钙不足可能有一定的联系。大量的研究工作表明，给儿童、青少年补钙可以提高其骨密度，从而推迟其发生骨质疏松的年龄；给老年人补钙也可能减缓其骨质丢失的速度。因此，应大力发展奶类的生产和消费。豆类是我国的传统食品，含丰富的优质蛋白质、不饱和脂肪酸、钙及维生素B_1、维生素B_2、烟酸等。为提高农村人口的蛋白质摄入量及防止城市中过多消费肉类带来的不利影响，应大力提倡食用豆类，特别是大豆及其制品的生产和消费。

●经常吃适量鱼、禽、蛋、瘦肉，少吃肥肉和荤油

鱼、禽、蛋、瘦肉等动物性食物是优质蛋白质、脂溶性维生素和矿物质的良好来源。动物性蛋白质的氨基酸组成更适合人体需要，且赖氨酸含量较高，有利于补充植物性蛋白质中赖氨酸的不足。肉类中铁的利用率较高，鱼类特别是海产鱼所含不饱和脂肪酸有降低血脂和防止血栓形成的作用。动物肝脏含维生素A极为丰富，还富含维生素 B_{12}、叶酸等。但有些脏器如脑、肾等所含胆固醇相当高，对预防心血管系统疾病不利。我国相当一部分城市和绝大多数农村居民平均吃动物性食物的量还不够，应适当增加摄入量。但部分大城市居民食用动物性食物过多，吃谷类和蔬菜不足，这对健康不利。

肥肉和荤油为高能量和高脂肪食物，摄入过多往往会引起肥胖，也是某些慢性病的危险因素，应当少吃。目前猪肉仍是我国人民的主要肉食，猪肉脂肪含量高，应发展瘦肉型猪。鸡、鱼、兔、牛肉等动物性食物含蛋白质较高，脂肪较低，产生的能量远低于猪肉。应大力提倡吃这些食物，适当减少猪肉的消费比例。

●食量与体力活动要平衡，保持适宜的体重

进食量与体力活动是控制体重的两个主要因素。食物提供人体能量，体力活动消耗能量。如果进食量过大而活动量不足，多余的能量就会在体内以脂肪的形式积存即增加体重，久之发胖；相反若食量不足，劳动或运动量过大，可由于能量不足引起消瘦，造成劳动能力下降。所以人们需要保持食量与能量消耗之间的平衡。脑力劳动者和活动量较少的人应加强锻炼，开展适宜的运动，如快走、慢跑、游泳等。而消瘦的儿童则应增加食量和油脂的摄入，以维持正常生长发育和适宜体重。体重过高或过低都是不健康的表现，可造成抵抗力下降，易患某些疾病，如老年人的慢性病或儿童的传染病等。经常运动会增强心血管和呼吸系统的功能，保持良好的生理状态、提高工作效率、调节食欲、强壮骨骼、预防骨质疏松。

三餐分配要合理。一般早、中、晚餐的能量分别占总能量的30%、40%，30%为宜。

●吃清淡少盐的膳食

吃清淡膳食有利于健康，即不要太油腻，不要太咸，不要过多的动物性食物和油炸、烟熏食物。目前，城市居民油脂的摄入量越来越高，这样不利于健康。我国居民食盐摄入量过多，平均值是世界卫生组织建议值的2倍以上。流行病学调查表明，钠的摄入量与高血压发病呈正比关系，因而食盐不宜过多。世界卫生组织建议每人每日食盐用量不超过6克为宜。膳食钠的来源除食盐外还包括酱油、咸菜、味精等高钠食品，及含钠的加工食品等。应从幼年就养成吃少盐膳食的习惯。

●饮酒应限量

在节假日、喜庆和交际的场合人们往往饮酒。高度酒含能量高，不含其他营养素。无节制地饮酒，会使食欲下降，食物摄入减少，以致发生多种营养素缺乏，严重时还会造成酒精性肝硬变。过量饮酒会增加患高血压、中风等危险，并可导致事故及暴力事件的增加，对个人健康和社会安定都是有害的。应严禁酗酒，若饮酒可少量饮用低度酒，青少年不应饮酒。

食物的搭配原则

食物的营养价值和药用功效会因为不同的搭配方式而有所不同，有些食物搭配食用可以收到良好的效果，平衡营养摄入，而有的搭配方式则会降低食疗效果，影响身体吸收和利用营养物质，甚至会发生不良反应，有害身体健康。因此，掌握一些日常生活中比较常见的饮食搭配常识，有助于避免因食物搭配不当带来的不良后果。

米面豆类的搭配

我国传统的主食存在明显的南北差异，北方人食面、南方人食米饭的习惯至今还存在着。但随着营养科学与饮食文化的发展，主食已不再局限于过去的单纯概念。由于各种各样主食类食物的营养成分不尽相同，谷类和玉米的赖氨酸含量最少，而薯类和豆类的赖氨酸含量丰富；玉米中缺乏色氨酸，但豆类中含量较多；又如荞麦、燕麦等粗粮赖氨酸、钙、锌、维生素 B_1 与维生素 B_2 等营养素优于大米、小麦等细粮。因此，在家庭日常主食中，应将细粮与粗粮，粮谷与豆类、薯类、瓜类等食物进行科学搭配，使得家庭主食既丰富多彩又营养合理。

●粗细搭配

在做米饭或面类主食时，配上一定数量的杂粮，如玉米、小米、高粱等，使以米饭或面类为主的主食其营养成分趋于合理。

●米麦搭配

在做米饭时搭配一定数量的麦类，如荞麦、燕麦等，使主食既有营养又色艳味香。

●粮薯搭配

在做米饭时搭配一定数量的薯类食物，如红薯

等，既可弥补米饭中所缺乏的赖氨酸等氨基酸，又可增加食欲。

●粮豆搭配

在做米饭时搭配一定数量的豆类，如大豆、红豆、绿豆、豌豆、蚕豆等，因为豆类中富含赖氨酸。

●粮瓜搭配

在做米饭时搭配一定数量的瓜类食物，最常见的是南瓜配米饭。南瓜中含有丰富的胡萝卜素，可补充主食中缺少的胡萝卜素。

●粮果搭配

在做米饭时搭配一定数量的果类食物，如红枣、莲子、栗子或瓜子类食物，不仅会增加主食中维生素、不饱和脂肪酸的含量，还会使主食别有风味。

荤素搭配

动物性食物与植物性食物所含的营养成分各有不同，营养作用也各有特点。像鱼、肉、禽、蛋等动物性食物，以提供蛋白质、脂肪、矿物质和维生素 A 等为主；蔬菜、水果等植物性食物以提供矿物质、膳食纤维、维生素 C 和胡萝卜素等为主。大豆及豆制品也能提供优质蛋白质以及脂肪、膳食纤维、矿物质和 B 族维生素。如果少吃蔬菜水果，多吃动物性食物，势必造成机体对膳食纤维、维生素及某些矿物质元素需要量得不到生理满足，长期下去，就有可能患心脏病、癌症、脑血管病、糖尿病、动脉硬化以及肝硬变等各种“富贵病”。反之，如果多吃蔬菜水果，动物性食物摄入不足，蛋白质就得不到充分供给，会影响生长发育和智力发展，并使精神委靡，抗病能力下降。

合理营养的平衡膳食，应当是动、植物性蔬菜进行比例恰当的合理搭配，来满足人体对各种营养素的生理需求。然而，在“有荤有素”的搭配组合中，并非价格越高营养价值越高。营养学家曾作过分析，大豆烧猪蹄的营养价值不亚于甲鱼，强化豆奶所含的营养成分优于牛奶。牛奶中所含有的饱和脂肪酸摄入过多，就有可能引起成年期心

血管疾病；而大豆中所含的是不饱和脂肪酸，可加速分解机体组织中的胆固醇,防止心血管病的发生。因而，营养膳食讲究合理的荤素搭配，不必被食物的价格左右。

食物搭配宜忌

●相宜的搭配

白菜＋辣椒：可以促进肠胃蠕动，帮助消化。

白菜＋豆腐：大白菜具有补中、消食、利尿、通便、清肺热等功效。豆腐提供植物蛋白质和钙、磷等营养成分。适宜于大小便不利、咽喉肿痛、支气管炎等患者食用。

白菜＋猪肉：白菜含多种维生素、较高的钙及丰富的纤维。猪肉为常吃的滋补佳肴，有滋阴润燥等功能。适宜有营养不良、贫血、头晕、大便干燥等症状的人食用。

白菜＋鲤鱼：营养丰富，含有丰富的蛋白质、碳水化合物、维生素C等多种营养素，适宜妊娠水肿的孕妇食用。

白菜＋虾仁：虾仁含高蛋白、低脂肪、钙、磷含量高。白菜具有较高的营养价值，二者搭配可起到均衡营养的食疗作用。

菠菜＋猪肝：猪肝富含叶酸、B族维生素以及铁等造血原料，菠菜也含有较多的叶酸和铁，两种食物同食，是防治老年贫血的食疗良方。

菠菜＋鸡血：菠菜营养齐全，蛋白质、碳水化合物、维生素及铁元素等含量丰富，鸡血也含多种营养成分，并可净化血液、清除污染物，保护肝脏。两种食物同吃，既养肝又护肝，患有慢性肝病者尤为适宜。

菜花＋番茄：菜花含有维生素A，维生素B_1，维生素B_2，维生素C和维生素E，维生素K，维生素U等特殊成分，能清血健身、增强抗毒能力、预防疾病。可治疗胃肠溃疡、便秘、皮肤化脓及预防牙周病。番茄含有丰富的维生素C和胡萝卜素，可健胃消食，对高血压、高脂血症患者尤为适宜。

葱＋兔肉：兔肉中所含蛋白质高于等量的牛羊肉，且易于吸收，脂肪含量低，一直被认为是美容食品。葱有降血脂的功效。二者搭配能起到调解血脂的作用，对保护脑血管十分有益。

醋＋姜：可促进食欲，具有帮助消化的功能。姜具有健胃、促进食欲的作用。两者合一，能缓解恶心和呕吐。

大米＋绿豆：绿豆含淀粉、纤维、蛋白质、多种维生素及矿物质。在中医食疗上，绿豆具清热解暑、利水消肿、润喉止渴等功效，与白米煮成粥后，适宜患者及老年人。

冬瓜＋鸡肉：鸡肉有补中益气的功效，冬瓜能防止身体发胖，有清热利尿、消肿轻身的作用。二者同吃能起到良好的补益作用。

冬瓜＋海带：冬瓜有益气强身、延年益寿、美容减肥的功能。海带有清热利尿、祛脂降压的功效。

冬瓜 + 火腿：含有丰富蛋白质、脂肪、维生素C 和钙、磷、钾、锌等微量元素，对小便不利有疗效。

豆苗 + 虾仁：对体质阴寒怕冷、低血压、食欲不振、精力衰退等症状均有食疗效果。

豆苗 + 猪肉：猪肉对保健和预防糖尿病有较好的作用。豆苗含钙质、维生素 C 和胡萝卜素，是豌豆的嫩芽，有利尿、止泻、消肿、止痛和助消化等作用。二者同食能收到均衡营养的功效。

豆腐 + 鱼：豆腐中蛋氨酸含量较少，而鱼体内氨基酸含量非常丰富。豆腐含钙较多，而鱼中含维生素 D，两者合吃，可提高人体对钙的吸收率，可预防儿童佝偻病、老年人骨质疏松等多种骨病。

豆腐 + 虾仁：豆腐宽中益气、生津润燥、清热解毒、消水肿。虾仁含高蛋白、低脂肪，钙、磷含量高。豆腐配虾仁容易消化，对患有高血压、高脂血症、动脉粥样硬化的肥胖者尤宜，更适合老年肥胖者食用。

豆腐皮 + 芫荽梗：芫荽梗含大量水分，主要营养成分有蛋白质、脂肪、糖类、矿物质和大量维生素。可以促进麻疹透发，亦可健胃、驱风寒。

豆类 + 油脂类 + 蔬菜：适量油脂类与蔬菜和豆类同吃不仅形不成新的脂肪，反而能消耗体内原有脂肪，是肥胖者的营养减肥餐。

豆奶 + 菜花：具有美化肌肤的功效。

豆干 + 韭菜：含丰富的蛋白质和维生素，是素食者最好的蛋白质补充来源。

土豆 + 猪排：小排骨和土豆一同烹饪可以去除油腻感，易于入口。土豆营养丰富，不仅可提供身体所需的热量，更能提供充足的膳食纤维。

●相忌的搭配

萝卜 + 木耳：萝卜中的多种酶类会与木耳中的大量生物活性物质发生复杂生物化学反应，导致皮炎。

萝卜 + 橘子：萝卜含有多种酶类，在体内可合成一种硫氰酸，它是一种抗甲状腺物质，与橘子同时食用会加强抑制甲状腺功能作用，容易诱发甲状腺肿大。

蟹肉 + 茄子：两者均为寒性物质，同时食用会伤肠胃。

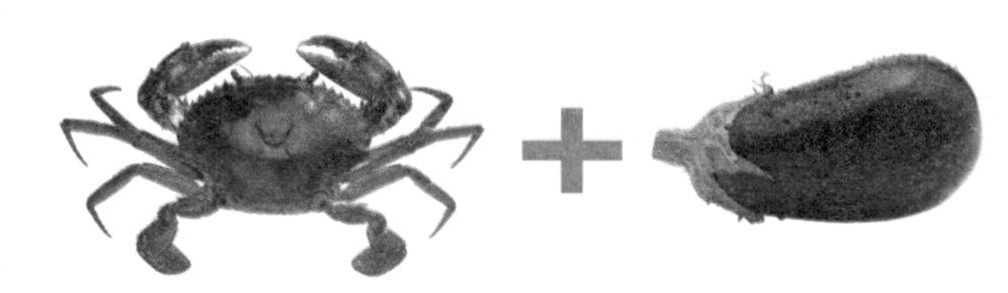

虾 + 枣：虾肉中含有五价砷，它能在维生素 C 的作用下转化为三价砷，三价砷为砒霜的主要成分，有毒。枣中维生素 C 含量非常丰富。所以二者不能同吃。

虾 + 南瓜：虾肉中含多种微量元素，与南瓜同时食用，能与其中的果胶反应，生成难以吸收的物质，可导致痢疾。

番茄 + 酒：番茄中含有鞣酸，与酒同时食用会在胃中形成不易消化的物质，造成肠道梗阻。

胡萝卜 + 酒：胡萝卜中含有丰富的胡萝卜素，和酒同时食用会产生肝毒素，对肝脏健康不利。

核桃 + 酒：两者均属热性食物，同时食用易导致上火。

柿子 + 酒：酒精能刺激胃肠道蠕动，并与柿子中的鞣酸反应生成柿石，从而导致肠道梗阻。

牛肉＋酒：牛肉有很好的补益作用，酒也是大热之物，同食易导致便秘、口角发炎、目赤、耳鸣等症状。

猪肉＋茶：茶中含有多种生物活性物质，和猪肉同时食用会影响肠胃对脂肪的吸收，导致便秘。

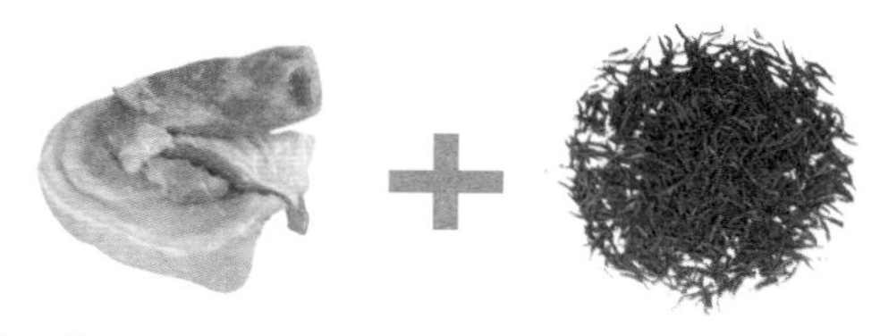

海鲜＋酒：海鲜中含有大量的嘌呤醇，可诱发急性痛风，酒精有活血的作用，会使患痛风的概率加大。

鲫鱼＋蜂蜜：同食会引起重金属中毒。

菠菜＋牛奶：同时食用能产生草酸钙沉淀，对人体不利。

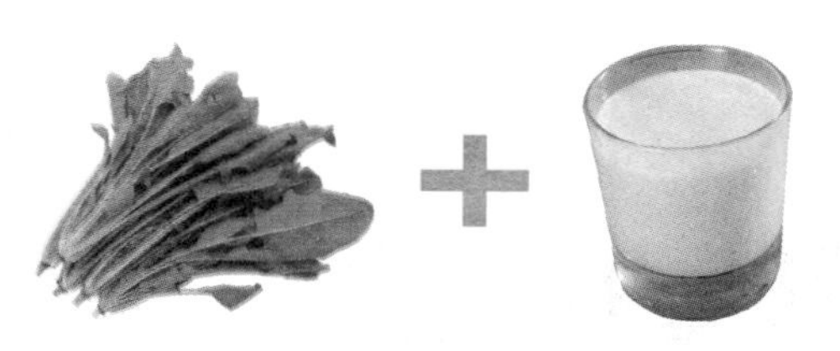

菠菜＋大豆：菠菜含大量草酸，大豆中有丰富钙质，同时食用会形成草酸钙沉淀，影响消化吸收。

番茄＋土豆：番茄含大量酸性物质，与土豆在胃中形成不易消化的物质，极易导致腹痛、腹泻和消化不良。

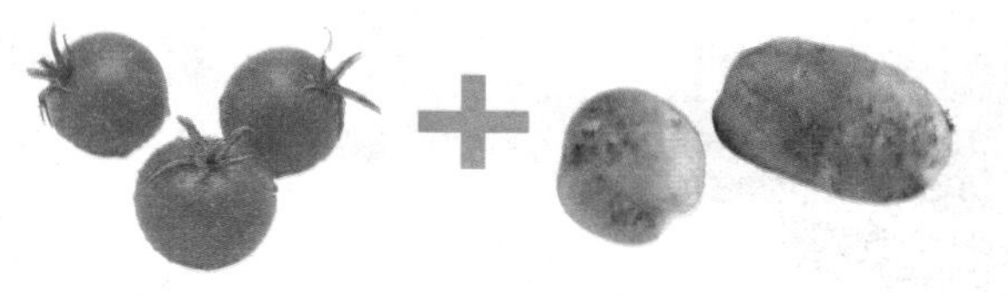

番茄＋红薯：番茄含大量酸性物质，与红薯在胃中形成不易消化的物质，极易导致腹痛、腹泻和消化不良。

豆腐＋葱：豆腐中含有丰富的钙，葱中含有草酸，同时食用可产生草酸钙沉淀，不易被消化吸收，对身体有害。

猕猴桃＋牛奶：牛奶中含有大量蛋白质，能和猕猴桃中的果酸和维生素C发生反应，影响消化吸收，同时会导致腹胀、腹泻。

虾＋果汁：果汁中含有大量的维生素C，能和虾肉中的蛋白质反应，形成难以吸收的硬块，对身体健康产生不良影响。

醋＋牛奶：醋中大量的醋酸能在胃中与牛奶中的蛋白质结合生成硬块，导致腹痛、腹泻和消化不良。

果汁＋牛奶：果汁中含大量的维生素C，能使牛奶中的蛋白质变性，降低它的营养价值，同时还易导致腹痛、腹泻、腹胀。

胡萝卜＋白萝卜：胡萝卜中的维生素C分解酶能破坏白萝卜中的维生素C，使它失去原有营养价值。

胡萝卜＋山楂：胡萝卜中的维生素C分解酶能破坏山楂中的维生素C，使它失去原有营养价值。

南瓜＋油菜：南瓜中含有维生素C的分解酶，和油菜同时食用会降低油菜的营养价值。

瘦肉＋菠菜：瘦肉中含丰富的优质蛋白质和锌，菠菜中含大量草酸和铜，同食会阻碍机体对铜的吸收，会影响钙、铁的吸收和脂肪的代谢。

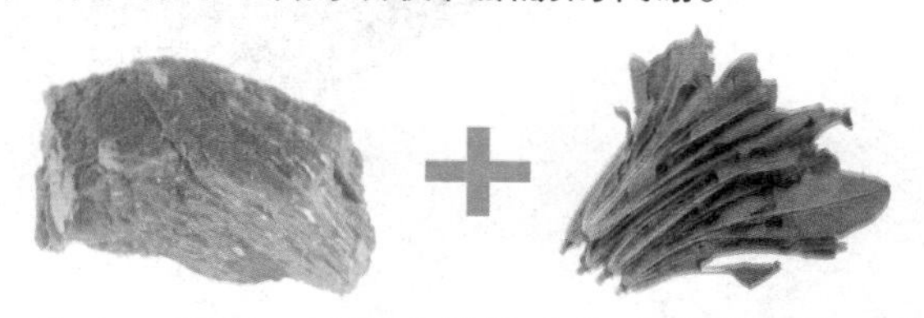

牛肉＋栗子：栗子中的维生素C能使蛋白质变性，同时食用会降低营养价值。

鲫鱼＋冬瓜：鲫鱼中含有多种微量元素，和冬瓜同时食用会降低营养价值。

甲鱼＋芹菜：甲鱼肉中含有大量的蛋白质，芹菜中含有大量的维生素C能使蛋白质变性，降低营养价值。

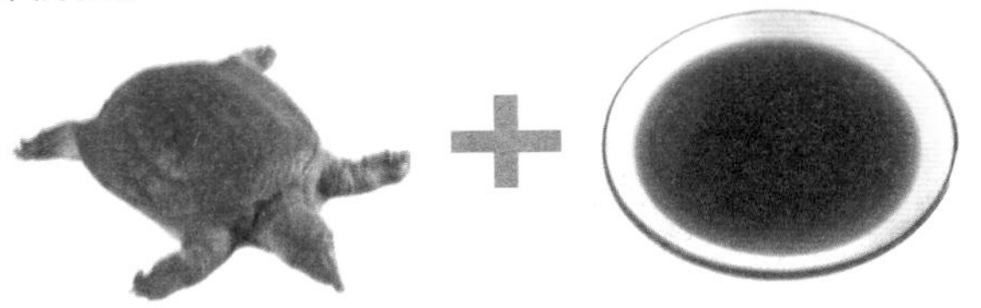

甲鱼＋桃：桃中含有大量的果酸，甲鱼肉中含有大量的蛋白质，果酸能使蛋白质变性，降低营养价值。

豆腐＋蜂蜜：蜂蜜中含多种酶类，豆腐中含大量的蛋白质和多种矿物质，同时食用会发生化学反应，降低营养价值。

木耳＋茶：木耳中含大量铁，茶中含多种生物活性物质，同时食用不利于机体对铁的吸收。

南瓜＋醋：醋中含丰富的醋酸，南瓜中含有大量的维生素，同时食用会破坏南瓜中的营养物质。

羊肉＋醋：醋中大量的醋酸会破坏羊肉中的营养成分（丰富的生物活性物质和蛋白质），使营养价值降低。

蟹肉＋蜂蜜：蜂蜜中含有有机酸，能与蟹肉中的蛋白质反应，并使之变性，降低营养价值。

鸡蛋＋茶：茶中含有多种生物活性物质，能使鸡蛋中的蛋白质变性，失去原有的营养价值。

鸡蛋＋豆浆：豆浆中含有胰蛋白酶抑制物，能抑制人体胰蛋白酶的活性，影响蛋白质的吸收利用。

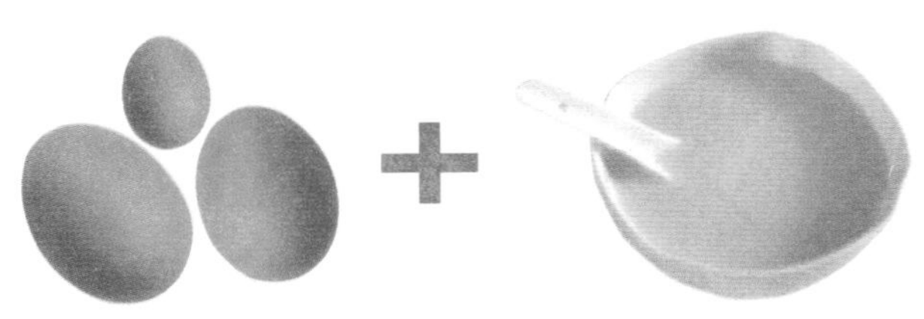

第2部分

馒头花卷

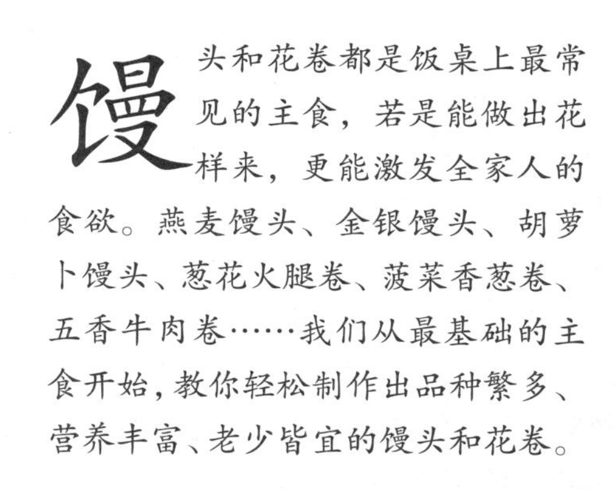

馒头和花卷都是饭桌上最常见的主食，若是能做出花样来，更能激发全家人的食欲。燕麦馒头、金银馒头、胡萝卜馒头、葱花火腿卷、菠菜香葱卷、五香牛肉卷……我们从最基础的主食开始，教你轻松制作出品种繁多、营养丰富、老少皆宜的馒头和花卷。

好馒头是怎样做成的

面粉的选购与初加工小知识

●选购面粉三窍门

①用手抓一把面粉，使劲一捏，松手后，面粉随之散开，是水分正常的好粉；如不散，则为水分多的面粉。同时，还可用手捻搓面粉，质量好的，手感绵软；若过分光滑，则质量差。

②从颜色上看，精度高的面粉较白净；标准面粉呈淡黄色；质量差的面粉色深。

③质量好的面粉气味正常，略带有甜味；质量差的多有异味。

●面粉是否越白越好

面粉并不是越白越好，当我们购买的面粉白得过分时，很可能是因为添加了面粉增白剂——过氧化苯甲酰。过氧化苯甲酰会使皮肤、黏膜产生炎症，长期食用过氧化苯甲酰超标的面粉会对人体肝脏、脑神经产生严重损害。

●夏季存放面粉须知

夏季雨水多，气温高，湿度大，面粉装在布口袋里很容易受潮结块，进而被微生物污染发生霉变。所以，夏季是一年中保存面粉最困难的时期，尤其是用布口袋装面，更容易生虫。如果用塑料袋盛面，以“塑料隔绝氧气”的办法使面粉与空气隔绝，既不反潮发霉，也不易生虫。

●呆面的种类与调制

呆面即“死面”，只将面粉与水拌和揉匀即成。因其调制所用冷热水的不同，又分冷水面与开水面。

①开水面。又称烫面，即用开水和成的面。性糯劲差，色泽较暗，有甜味，适宜制作烫馄饨、烧麦、锅贴等。掺水应分几次进行，面粉和水的比例，

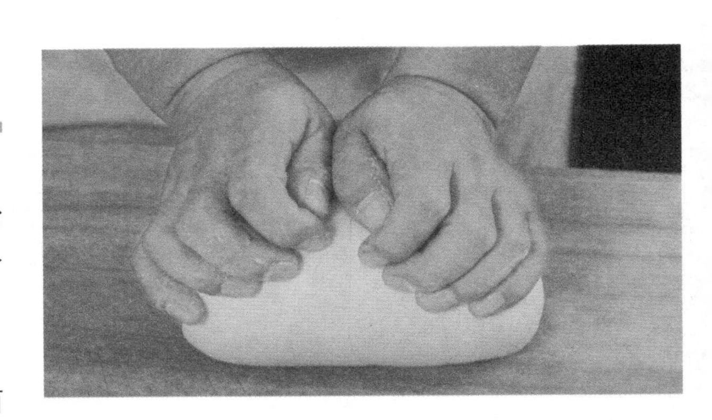

一般为500克面粉加开水约350毫升。须冷却后才能制皮。

②冷水面。冷水面就是用自来水调制的面团，有的加入少许盐。颜色洁白，面皮有韧性和弹性，可做各种面条、水饺、馄饨皮、春卷皮等。冷水面掺水比例，一般为500克面粉加水200~250毫升。

●冬季和面如何加水

由于气温、水温的关系，冬季水分子运动缓慢，如和面加水不恰当，或用水冷热不合适，会使和出的面不好用。因此，冬季和面，要掌握好加水的窍门。和烙饼面，每500克面粉加325~350毫升40℃温水；和馅饼或葱花饼的面时，每500克面粉加325毫升45℃的温水；和发酵面时，每500克面粉加250~275毫升35℃左右的温水。

●快速发面法

忘记了事先发面，又想很快吃到馒头，可用以下方法：500克面粉，加入50毫升食醋、350毫升温水和均匀，揉好，大约10分钟后再加入5克小苏打，使劲揉面，直到醋味消失就可切块上屉蒸制。这样做出的馒头省时间，而且同样松软。

●发面的最佳温度

发面最适宜的温度是27℃ ~30℃。面团在这个

温度下，2～3小时便可发酵成功。为了达到这个温度，根据气候的变化，发面用水的温度可作适当调整：夏季用冷水；春秋季用40℃左右的温水；冬季可用60℃～70℃热水和面，盖上湿布，放置在比较暖和的地方。

●发面秘招

发面内部气泡多，做成的包点即松软可口。这里，教你一条秘招：在发面时，在面团内加入少量食盐。虽然只有一句话那么简单，你试后一定会感到效果不凡。

●发面碱放多了怎么办

发酵面团如兑碱多了，可加入白醋与碱中和。如上屉蒸到七八分熟时，发现碱兑多了，可在成品上撒些明矾水，或下屉后涂一些淡醋水。

●面团为什么要醒一段时间

无论哪种面团，刚刚调和完后，面粉的颗粒都不能马上把水从外表吸进内部。通过醒的办法才能使面粉颗粒充分滋润吸水膨胀，使面团变得更加紧密，从而形成较细的面筋网，揉搓后表面光洁，没醒好的面团，使用起来易裂口、断条，揉不出光面，制出的成品粗糙。

●嫩酵面的特点

所谓嫩酵面，就是没有发足的酵面，一般发至四五成。这种酵面的发酵时间短（一般约为大酵面发酵时间的2/3），且不用发酵粉，目的是使面团不过分疏松。由于发酵时间短，酵面尚未成熟，所以嫩酵面紧密、性韧，宜作皮薄卤多的小笼汤包等。

制作馒头的小窍门

有些人在家里自己做馒头、蒸馒头，但蒸出来的馒头总是不尽如人意。要想蒸出来的馒头又白又软，应该在面粉里加一点盐水，这样可以促使面粉发酵；要想蒸出来的馒头松软可口，就应该先在锅中加冷水，放入馒头后再加热增加温度。

●如何蒸馒头

①蒸馒头时，如果面似发非发，可在面团中间挖个小坑，倒进两小杯白酒，停10分钟后，面就发开了。

②发面时如果没有酵母粉，可用蜂蜜代替，每500克面粉加蜂蜜15~20克。面团揉软后，盖湿布4~6小时即可发起。蜂蜜发面蒸出的馒头松软清香，入口甘甜。

③在发酵的面团里，人们常要放入适量碱来除去酸味。检查施碱量是否适中，可将面团用刀切一块，上面如有芝麻粒大小均匀的孔，则说明用碱量适宜。

④蒸出的馒头，如因碱放多了变黄，且碱味难闻，可在蒸过馒头的水中加入食醋100~160毫升，把已蒸过的馒头再放入锅中蒸10~15分钟，馒头即可变白且无碱味。

●如何做好开花馒头

做得好的开花馒头，形状美观，色泽雪白，质地松软，富有弹性，诱人食欲。要达到这样的效果，必须大体掌握下列六点。

①面团要和得软硬适度，过软会使发酵后吸收过多的干面粉，成品不开花。

②加碱量要准，碱多则成品色黄，表面裂纹多，不美观，又有碱味；碱少则成品呈灰白色，有酸味，而且粘牙。

③酵面加碱、糖（加糖量可稍大点儿）后，最好加入适量的猪油（以5%左右为宜），碱与猪油发生反应，可使蒸出的馒头更松软、雪白、可口。

④酵面加碱、糖、油之后，一定要揉匀，然后搓条、切寸段，竖着摆在笼屉内，之间要有一定空隙，以免蒸后粘连。

⑤制好的馒头坯入笼后，应该醒发一会儿，然后再上锅蒸。

⑥蒸制时要加满水，用旺火。一般蒸15分钟即可出笼，欠火或过火均影响成品质量。

馒头

燕麦馒头

材料 低筋面粉、泡打粉、酵母粉、改良剂、燕麦粉各适量

调料 砂糖 20 克

做法

1. 低筋面粉、泡打粉过筛与燕麦粉混合开窝。
2. 加入砂糖、酵母粉、改良剂、清水拌至糖溶化。
3. 拌入低筋面粉，揉至面团光滑。
4. 用保鲜膜包起来，醒发约 20 分钟。
5. 然后用擀面杖将面团压薄。
6. 卷成长条状。
7. 分切成每件约 30 克的面团。
8. 均匀排于蒸笼内，用猛火蒸约 8 分钟，熟透即可。

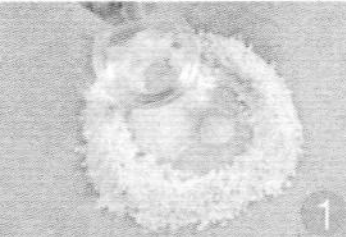

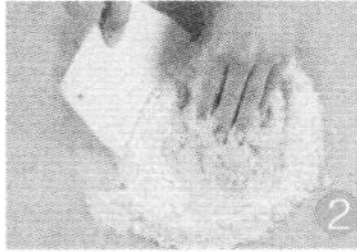

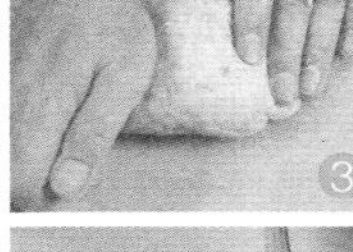

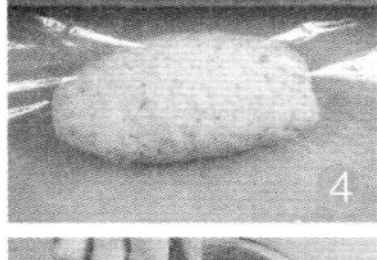

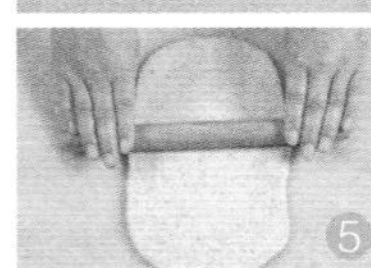

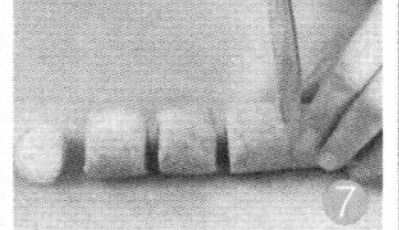

金银馒头

材料 低筋面粉 500 克，泡打粉、酵母粉各 4 克，改良剂 25 克

调料 糖 20 克

做法

1. 低筋面粉、泡打粉混合过筛，加入糖、酵母粉、改良剂、清水拌至糖溶化。
2. 将低筋面粉拌入揉匀。
3. 揉至面团光滑。
4. 用保鲜膜包好，醒发一会儿。
5. 将面团擀薄。
6. 卷成长条状。
7. 分切成每件约 30 克的馒头坯。
8. 蒸熟，晾凉后将其中一半炸至金黄色即可。

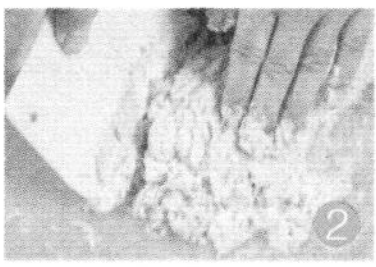

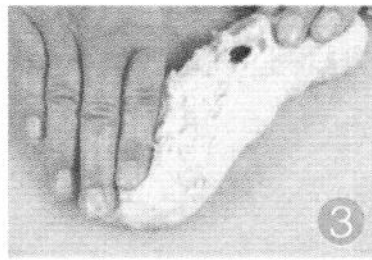

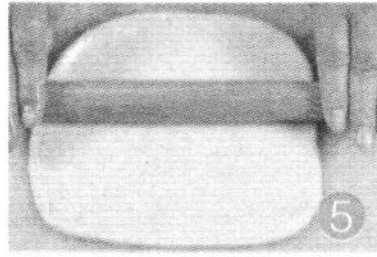

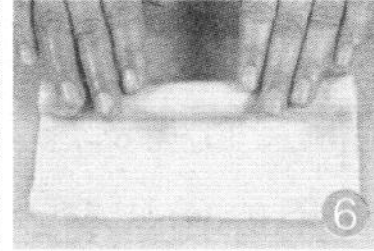

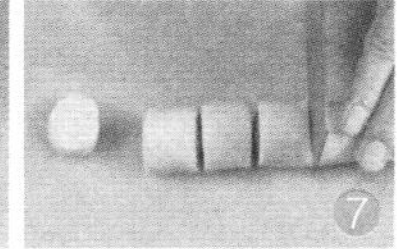

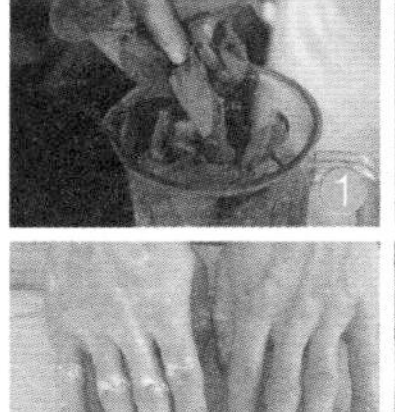
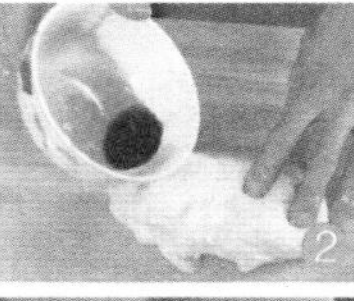
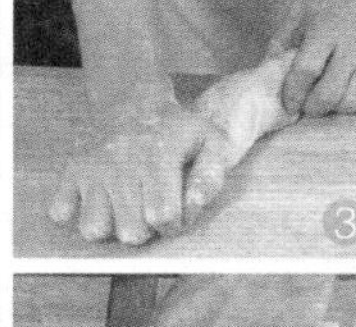
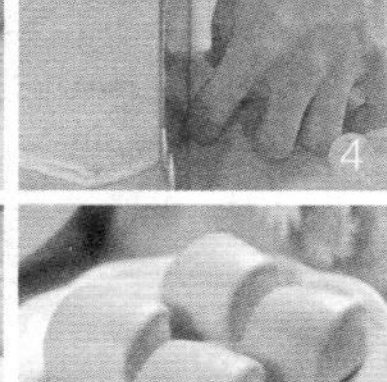
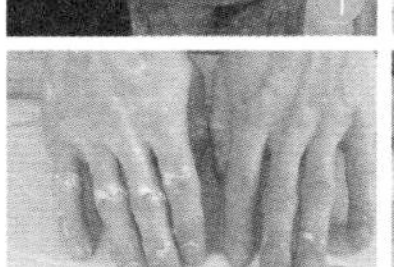
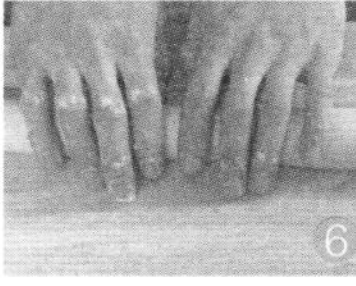
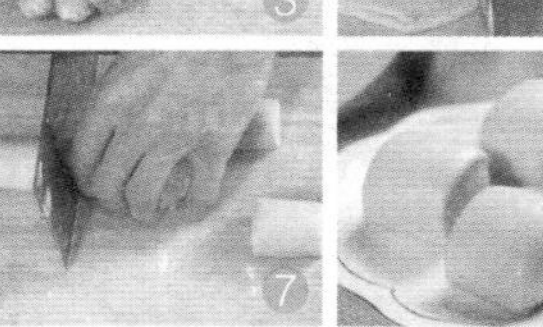

菠汁馒头

材料 面团 500 克，菠菜 200 克

调料 椰浆 10 克，白糖 20 克

做法

1. 将菠菜叶洗净，放入搅拌机中打成菠菜汁。
2. 将打好的菠菜汁倒入揉好的面团中。
3. 用力揉成菠汁面团。
4. 面团擀成薄面皮，将边缘切整齐。
5. 将面皮从外向里卷起。
6. 将卷起的长条搓至光滑。
7. 再切成大小相同的面团，即成生胚。
8. 醒发 1 小时后，再上笼蒸熟即可。

椰汁蒸馒头

材料 面团 500 克

调料 椰汁 1 罐

做法

1. 将椰汁倒入面团中，揉匀。
2. 用擀面杖将面团擀成薄面皮。
3. 再将面皮从外向里卷起。
4. 切成馒头大小的形状，放置醒发 1 小时后再上笼蒸熟即可。

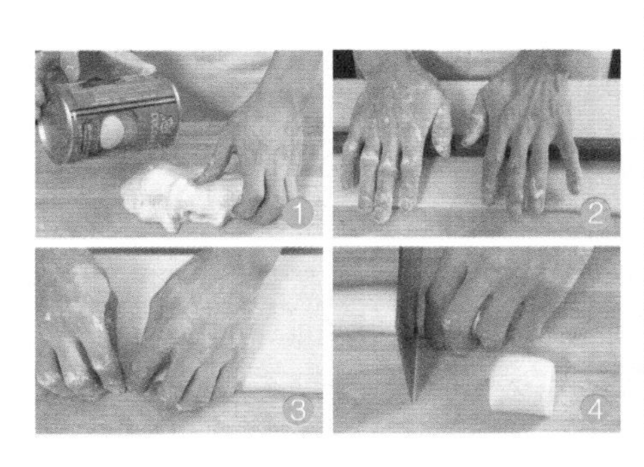

花卷

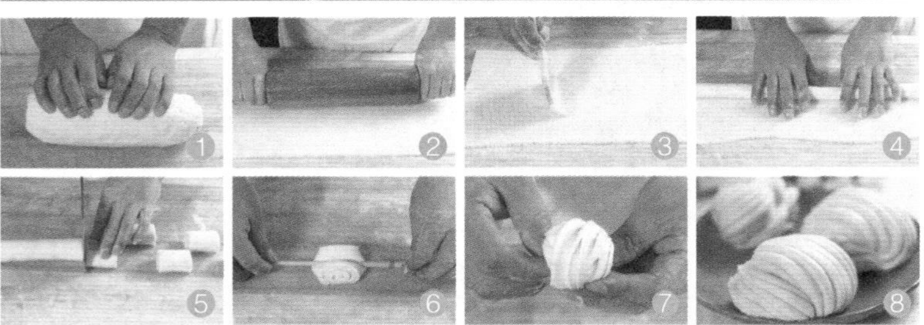

圆花卷

材料 面团 300 克

调料 油 15 克，盐 5 克

做法

1. 取出面团，在砧板上推揉至光滑。
2. 用通心槌擀成约 0.5 厘米厚的片。
3. 用油涮均匀刷上一层油，撒上盐，用手拍平抹匀。
4. 从边缘起卷成圆筒形，剂部朝下。
5. 切成 2.5 厘米宽、大小均匀的生胚（约 50 克）。
6. 用筷子从中间压下。
7. 两手捏住两头向反方向旋转一周，捏紧剂口，即成花卷生胚。
8. 醒发 15 分钟即可上笼蒸，至熟取出摆盘即可。

花生卷

材料 面团 200 克，花生碎 50 克

调料 盐 5 克，香油 10 克

做法

1. 面团揉匀，擀成薄片，均匀刷上一层香油。
2. 撒上盐抹匀，再撒上炒香的花生碎，用手抹匀、按平。
3. 从边缘起卷成圆筒形。
4. 切成 2.5 厘米宽、大小均匀的面剂（约 50 克）。
5. 用筷子从中间压下，两手捏住两头往反方向旋转。
6. 旋转一周，捏紧剂口即成花生卷生胚，醒发 15 分钟后即可入锅蒸。

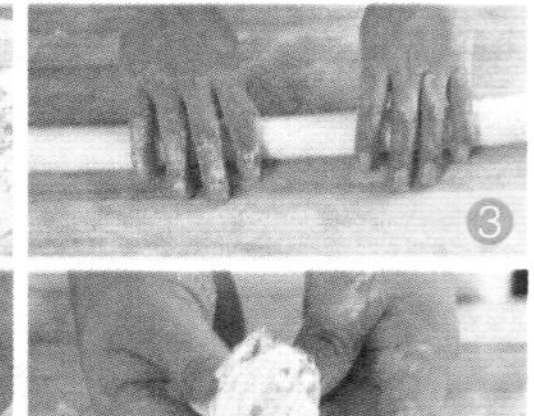

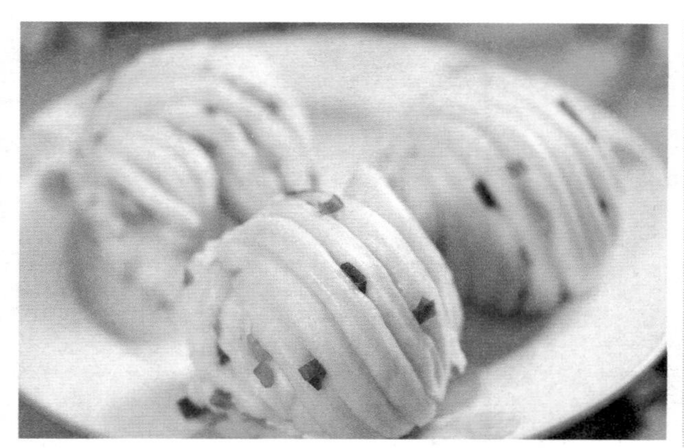

葱花卷

材料 面团200克，葱30克

调料 香油10克，盐5克

做法 ①面团揉匀，擀成约0.5厘米厚的片，均匀刷上一层香油。②撒上盐、葱花，抹匀。③从边缘向中间卷起，剂口处朝下放。④切成0.5厘米宽、大小均匀的生。⑤用筷子从中间压下，两手捏住两头往反方向旋转。⑥旋转一周，捏紧剂口即成葱花卷生胚，醒发15分钟后即可入锅蒸熟。

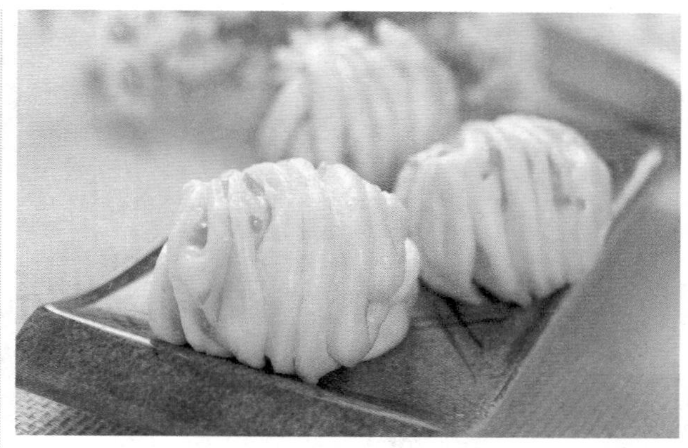

火腿卷

材料 面团200克，火腿肠2根

调料 香油10克，盐5克

做法 ①面团揉匀。②擀成约0.5厘米厚的片。③均匀刷上一层香油。④撒上盐抹平，均匀撒上火腿粒按平。⑤从边缘起卷成圆筒形。⑥切成2.5厘米宽、大小均匀的生胚（约50克）。⑦用两手拇指从中间按压下去。⑧做成火腿卷生胚，醒发15分钟即可入锅蒸熟。

川味花卷

材料 面团200克，炸辣椒末15克

调料 盐3克

做法 ①面团揉匀，用通心槌擀成薄片。②均匀撒上炸辣椒末，撒上盐抹匀、按平。③从两边向中间折起形成三层的饼状，按平。④切成1.5厘米宽、大小均匀的段。⑤取2个叠放在一起，用筷子从中间压下。⑥卷成花卷生胚，醒15分钟后入锅蒸熟即可。

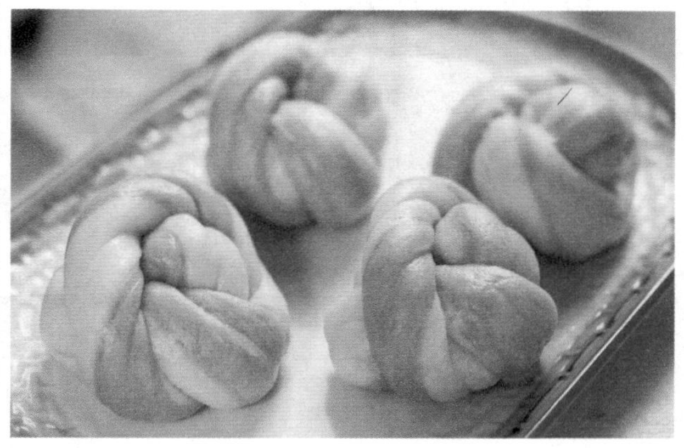

双色花卷

材料 面团500克，菠菜汁适量

调料 椰汁适量，椰浆10克，白糖20克

做法 ①将菠菜汁面团和用椰汁、白糖和好的白面团分别擀成薄片，再将菠菜汁面皮置于白面皮之上。②双面皮用刀先切一连刀，再切断。③再将面团扭成螺旋形。④将扭好的面团绕圈。⑤打结后即成花卷生胚。⑥放置醒发后，上笼蒸熟即可。

五香牛肉卷

材料 面团500克，牛肉末60克

调料 盐5克，白糖25克，味精、麻油、五香粉各适量

做法

1. 用擀面杖将面团擀成薄面皮。
2. 把牛肉末加所有调味料拌匀调成馅料。
3. 再将牛肉末涂于面皮上。
4. 将面皮从外向里折。
5. 直至完全盖住牛肉馅。
6. 将对折的面皮用刀先切一连刀，再切断。
7. 将切好的面团拉伸。
8. 将拉伸的面团扭成花形。
9. 将扭好的面团绕圈。
10. 打结后成花卷生胚。
11. 再将生胚放于案板上醒发1小时左右。
12. 上笼蒸熟即可。

第3部分

包子饺子馄饨

包子、饺子、馄饨都是以面粉为皮，辅以各种馅料制成的特色食品。包子外皮松软有弹性，口味鲜美；饺子几乎含有人体所需的各种营养；馄饨皮薄爽滑。三者因馅料、烹饪方法不同，营养成分差异很大，但总的来说，三种食物的总体营养成分搭配合理，都属于“完美的金字塔食品”，也是大家钟爱的美食。

和面的方法

① 500 克低筋面粉加入 5 克酵母粉。

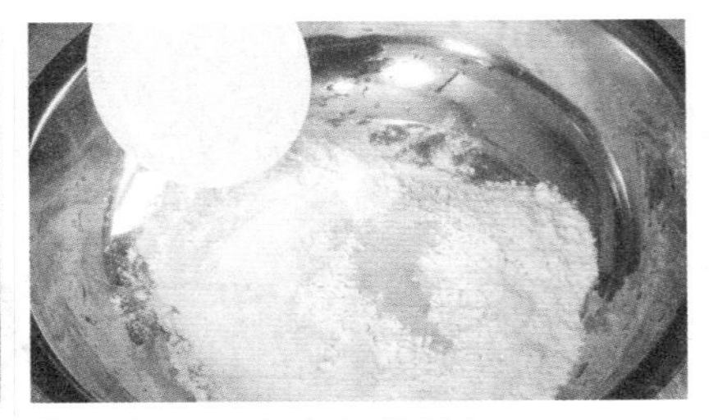

② 再加入 5 克泡打粉拌匀。

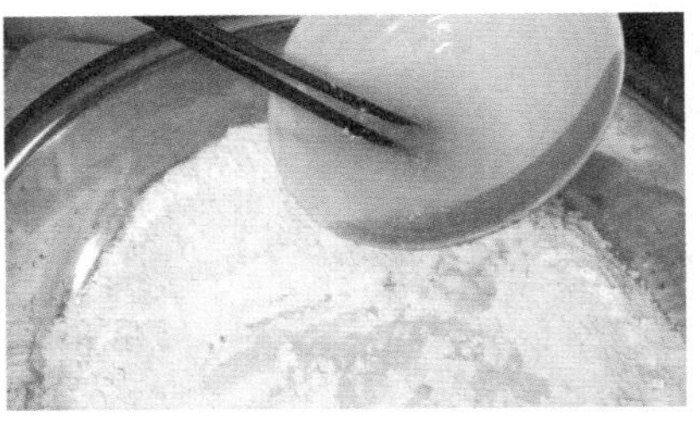

③ 取 50 克白糖加冷水溶至饱和状态，倒入盆中。

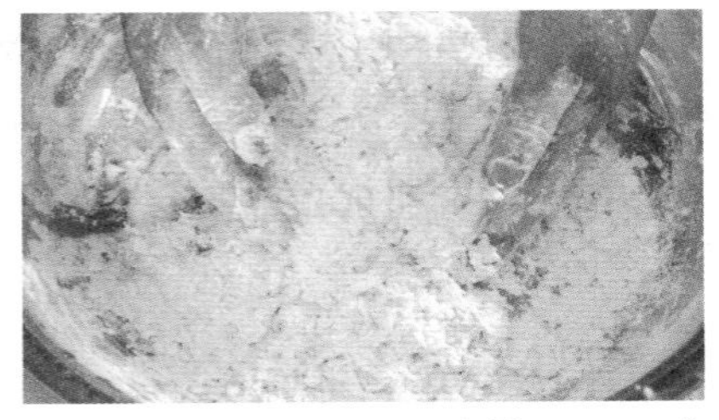

④ 用手从四周向中间抄拌，至面成麦穗形的条状。

⑤ 继续揉至面团光滑，盖上湿布，醒发 15 分钟。

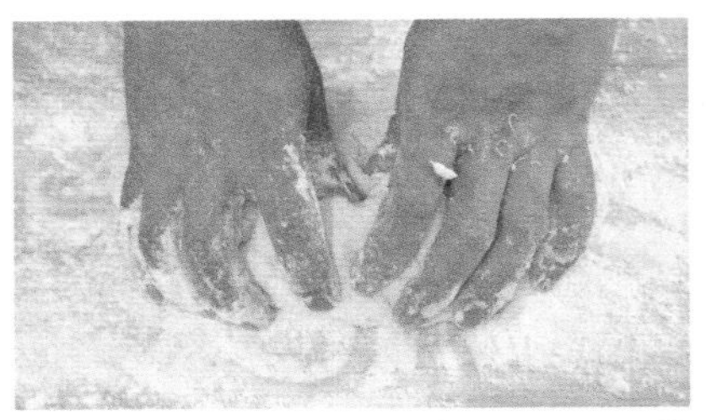

⑥ 板上撒些干面粉，取出醒发好的面团再次推揉均匀即可。

包子的做法

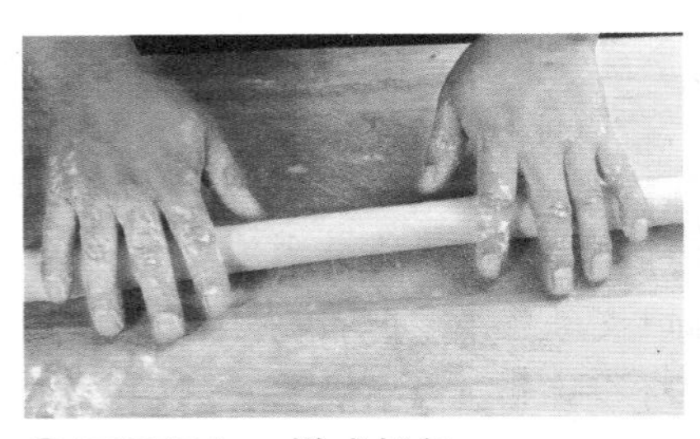

① 面团揉匀，搓成长条。

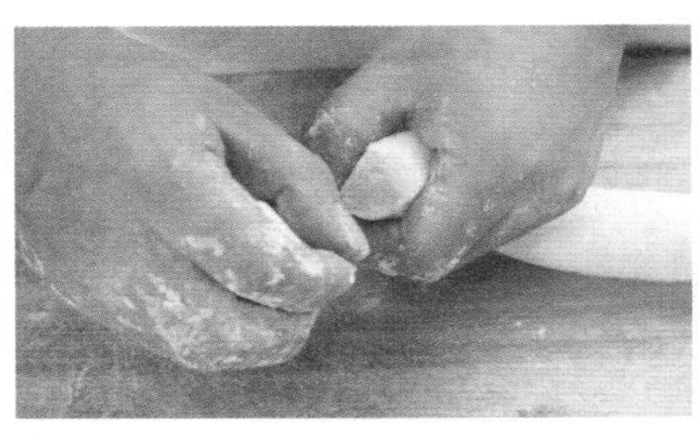

② 下成大小均匀的剂子。

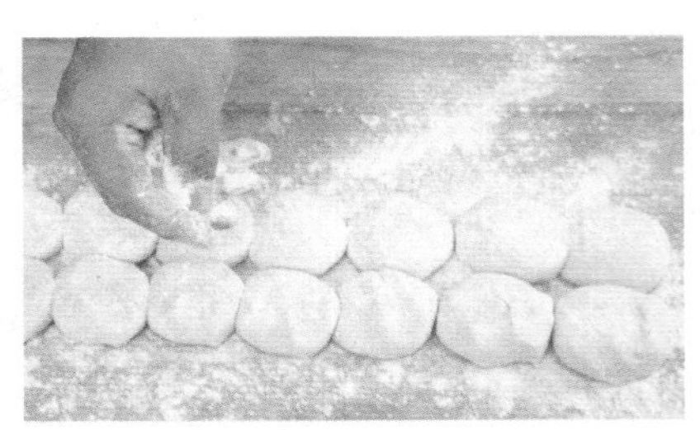

③ 均匀撒上一层面粉，按扁。

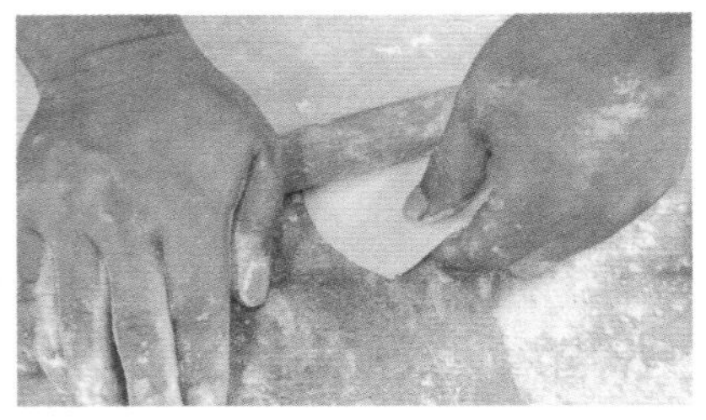

④ 右手拿擀面杖，左手捏住皮边缘旋转，擀成面皮。

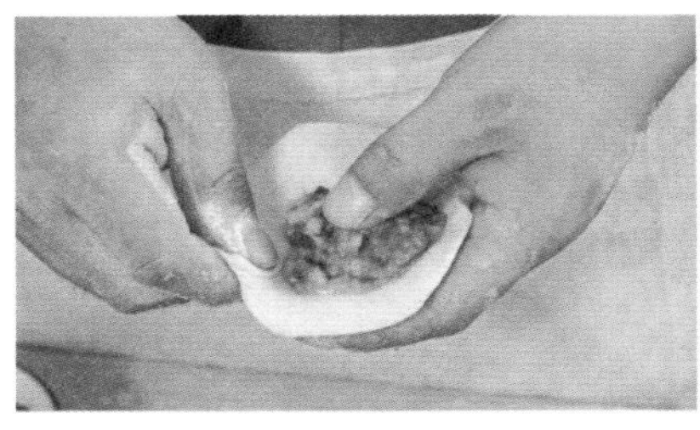

⑤ 将馅料放入擀好的皮中央。

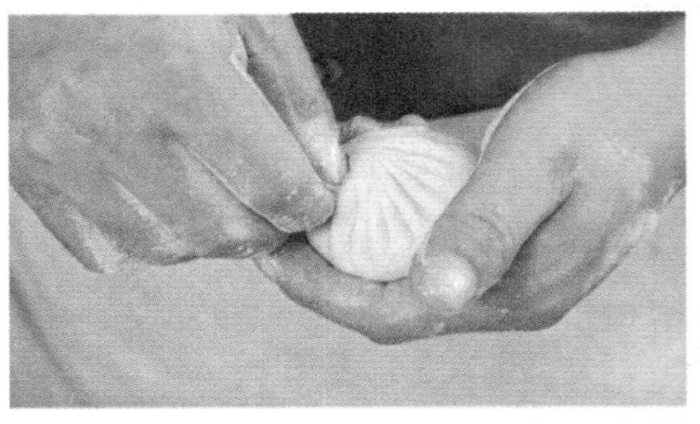

⑥ 捏住面皮边缘，折成花边，旋转一周捏紧，即成生坯。

汤圆和面的方法

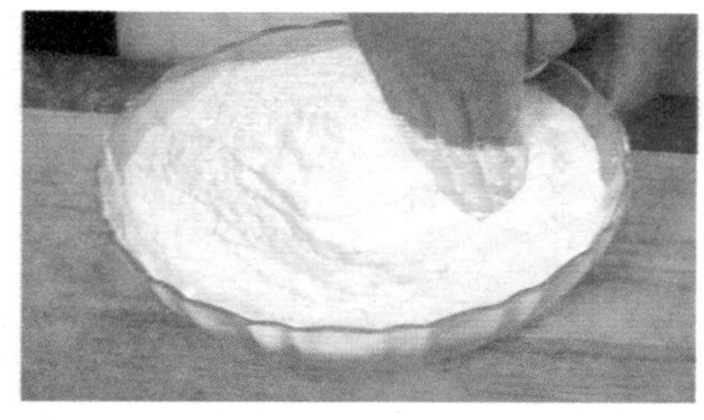

❶ 将 250 克糯米粉置于盆中，中间扒窝。

❷ 将 115 毫升温水掺入米粉中。

❸ 用手揉搓，对揉压匀。

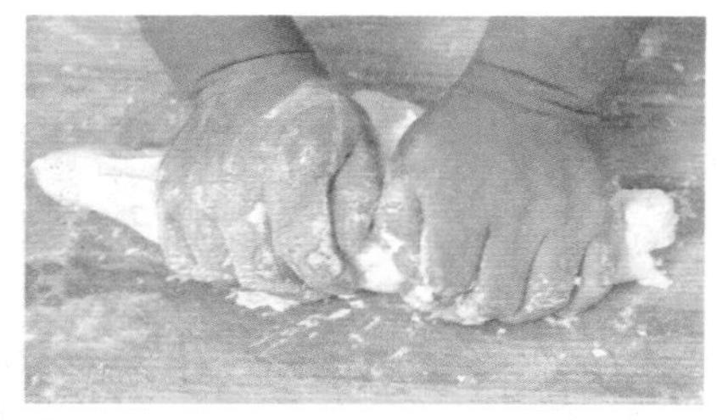

❹ 取出，在案板上揉至糯米粉光滑柔润。

❺ 将糯米粉团搓成条，用刀切断成小剂子。

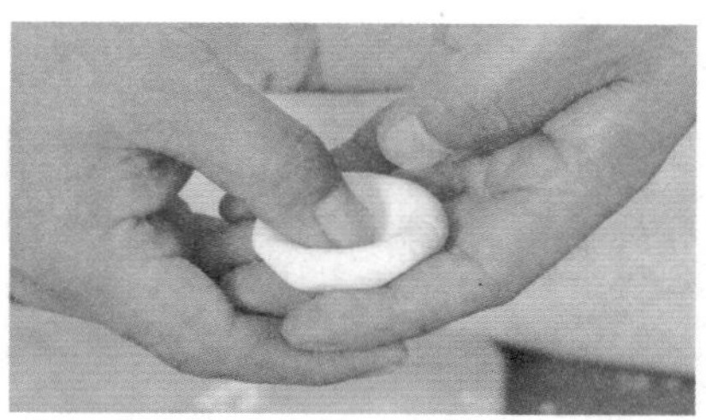

❻ 将小剂子揉成团，用手按扁，待包馅时用。

饺子皮的做法

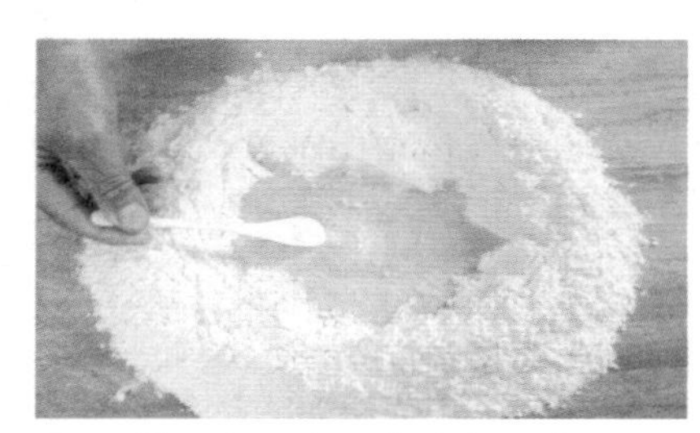

❶ 面粉开窝，在面窝中加入盐。

❷ 加入开水。

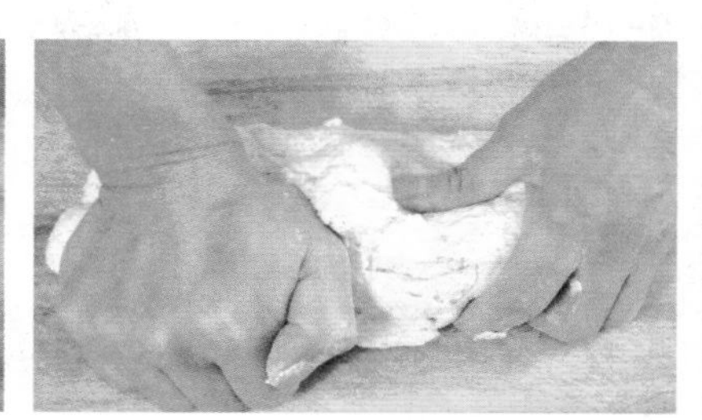

❸ 和匀，揉成面团。

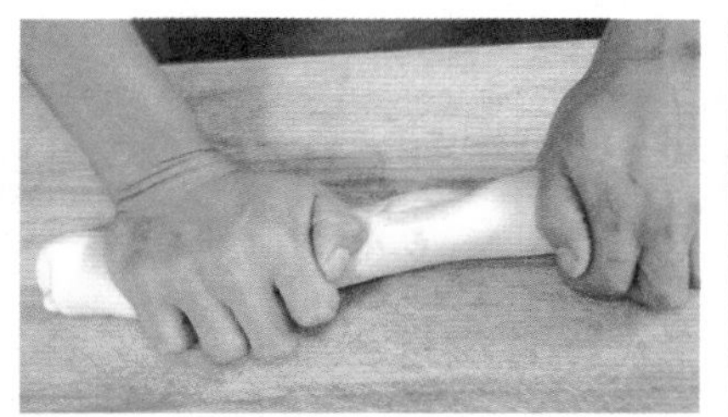

❹ 反复搓成光滑的面团。

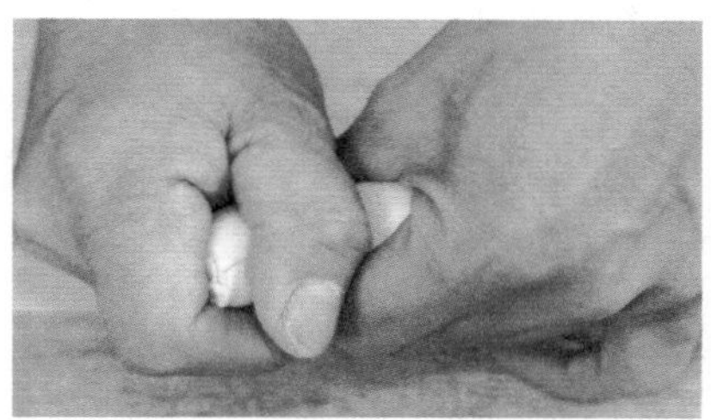

❺ 摘成 20 克一个的小剂子。

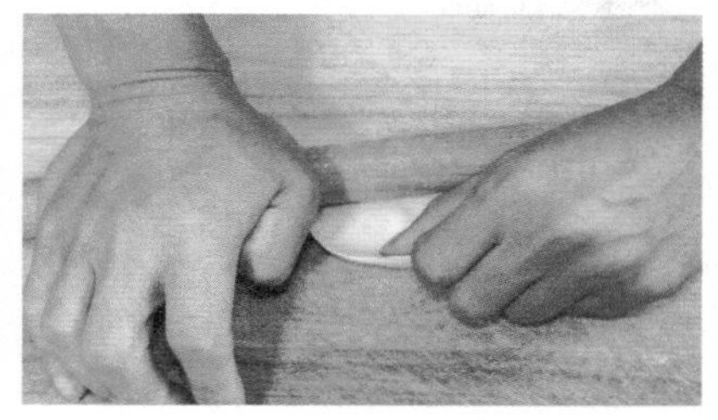

❻ 用擀面杖将小剂子擀成饺子皮。

馄饨皮的做法

❶ 将500克高筋面粉置盆中，中间扒个窝，将鸡蛋磕入窝中。

❷ 将2克盐溶于200毫升冷水内，倒入面粉中。

❸ 用手从外往里，由下而上，反复进行抄拌，使水与面掺和均匀。

❹ 用手继续揉搓。

❺ 再加少许水抄拌至面粉吃水呈均匀麦片状。

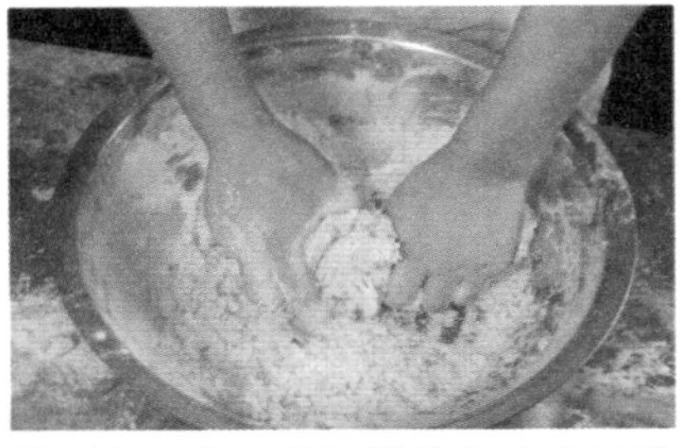

❻ 对揉压匀，使面粉均匀吃水呈结块状。

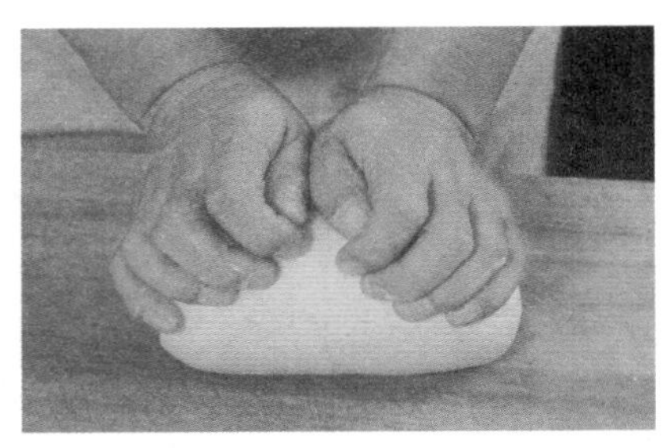

❼ 揉至面团的表面光滑柔润，再将面团揉捏成圆形。

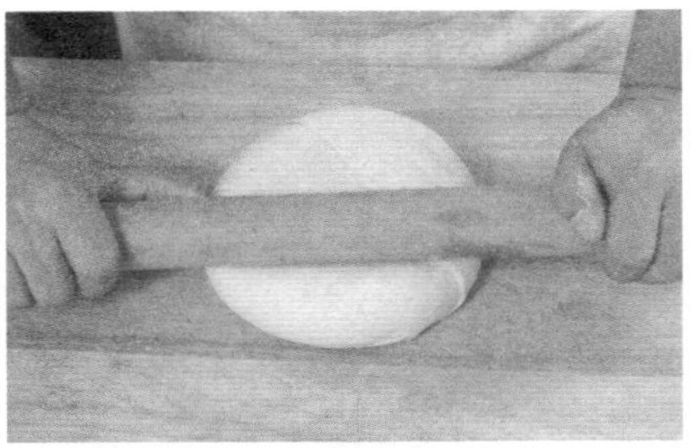

❽ 用擀面杖压扁。

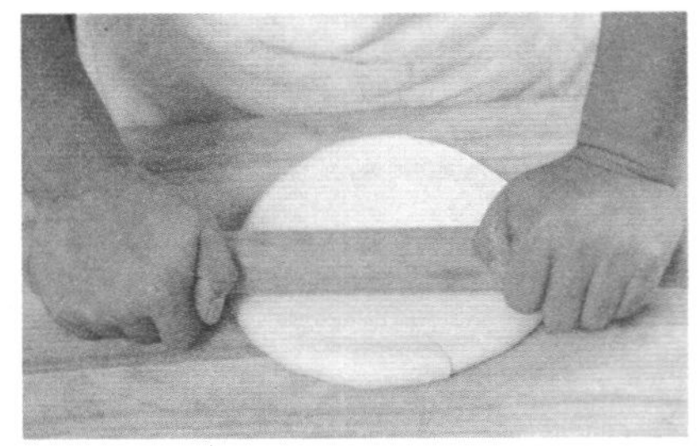

❾ 用擀面杖擀压成薄块状。

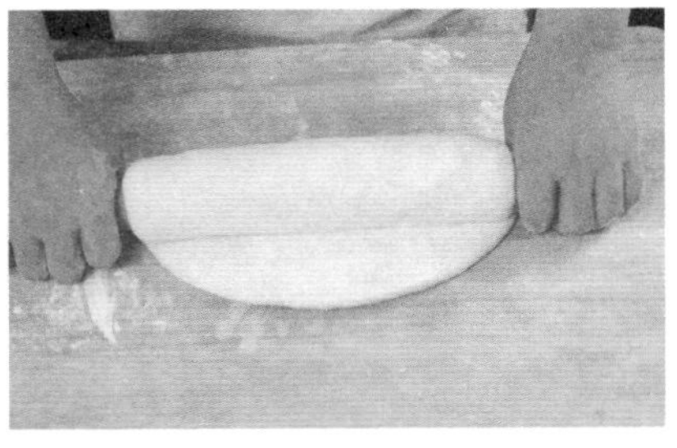

❿ 继续擀压，再用擀面杖卷起面团，反复擀至细薄状。

⓫ 擀压成薄面皮。

⓬ 将薄皮叠起，用刀切出每块为6×6厘米大小的馄饨皮。

包子

韭菜肉包

材料 面团500克，韭菜250克，猪肉100克

调料 盐50克，白糖10克，味精3克，麻油少量

做法

1. 韭菜、猪肉分别洗净，切末，将所有调味料一起拌匀成馅。
2. 将面团下成大小均匀的面剂，再擀成面皮。
3. 取一面皮，内放20克馅料。
4. 再将面皮的边缘向中间捏起。
5. 打褶包好，放置醒发1小时左右，再上笼蒸熟即可。

孜然牛肉包

材料 面团500克，牛肉末500克，香菜、孜然粉适量

调料 味精、盐、椰浆、白糖、老抽、生抽、五香粉各适量

做法

1. 将香菜、牛肉末和孜然粉加入所有调味料和匀成馅料，待用。
2. 将面团下成大小均匀的面剂，再擀成面皮。
3. 取20克馅料放入一面皮中。
4. 再将包子打褶包好。
5. 将包好的生胚放在案板上醒发1小时左右。
6. 再上笼蒸熟即可。

洋葱牛肉包

材料 面团 500 克，洋葱半个，牛肉 200 克

调料 盐 50 克，白糖 35 克，味精 15 克，麻油适量

做法

①将牛肉、洋葱分别洗净，切成碎粒，盛入碗内。②再加入所有调味料一起拌匀成馅。③将面团下成大小均匀的面剂，再擀成面皮。取一面皮，内放 20 克馅料。④将面皮的一端向另一端捏紧。⑤捏紧后，封住口。⑥将封口捏紧。⑦再将其打褶包好。⑧将包子生胚放在案板上醒发 1 小时，蒸熟即可。

蚝汁叉烧包

材料 面团 400 克，叉烧肉 500 克

调料 白糖、酱油、花生油、香油、蚝油各适量

做法

①叉烧肉洗净切碎，加入白糖、酱油、花生油、香油、蚝油拌匀成馅。②将面团分成大小均匀的面剂，再擀成面皮，将和好的肉馅放于面皮上。③将面皮边缘打褶捏起，收紧接口，生坯放在蒸笼上醒发 1 个小时，再用旺火蒸约 10 分钟至熟，取出。

雪里蕻肉丝包

材料 雪里蕻 100 克，猪瘦肉 100 克，面团 200 克

调料 姜、蒜末、葱花、盐、鸡精各适量

做法

①猪瘦肉洗净切丝；姜去皮切末；葱花、蒜末、姜入油锅中爆香，放入肉丝稍炒，再放入雪里蕻炒香，调入盐、鸡精拌匀。②面团揉匀，揉搓成长条，下成剂子，按扁，擀成中间厚边缘薄的面皮。③将馅料放入擀好的面皮中包好。做好的生坯醒发 1 小时，以大火蒸熟即可。

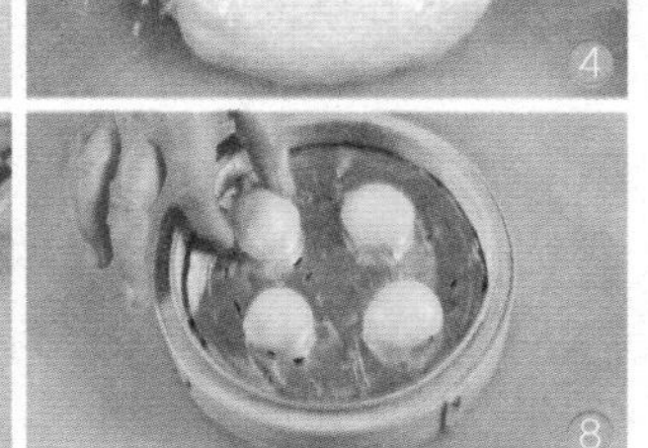

莲蓉包

材料 低筋面粉500克，泡打粉、酵母粉各4克，改良剂25克

调料 莲蓉适量，砂糖30克

做法

1. 低筋面粉、泡打粉过筛开窝，加糖、酵母粉、改良剂、清水拌至糖溶化。
2. 将面粉拌入搓匀。
3. 揉搓至面团光滑。
4. 用保鲜膜包好醒发一会儿。
5. 将面团分切成约30克/个的小面团后压薄。
6. 将莲蓉馅包入。
7. 把包口捏紧成型。
8. 醒发一会儿，以猛火蒸约8分钟即可。

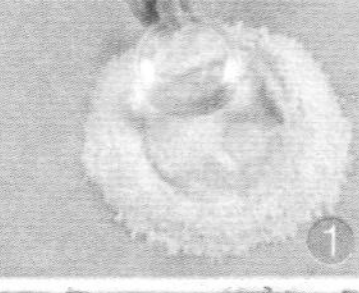
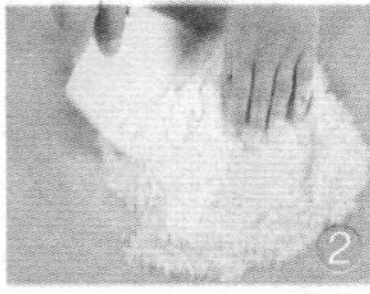
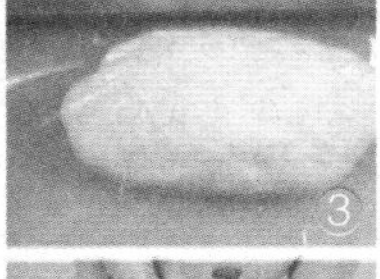
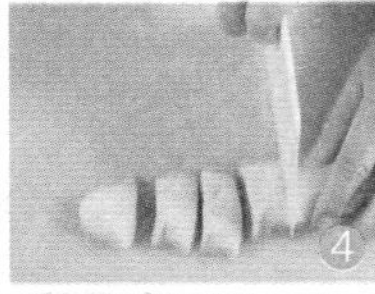
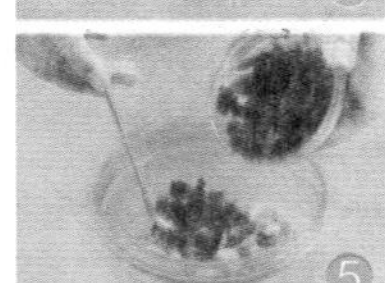
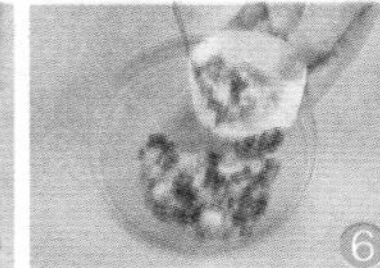
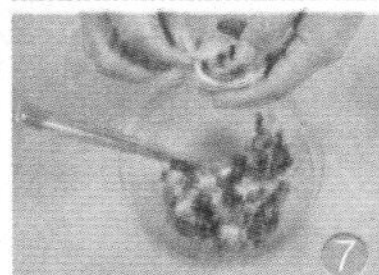
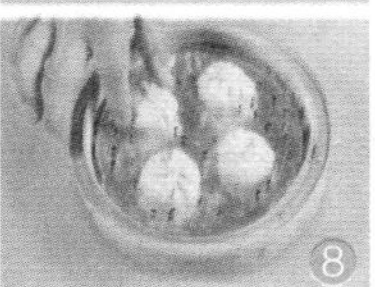

生肉包

材料 面粉、猪肉各 500 克，泡打粉 15 克，酵母粉 5 克

调料 盐 6 克，砂糖 10 克，鸡精 7 克，葱 30 克

做法

1. 面粉、泡打粉混合过筛开窝，加酵母粉、砂糖、清水拌至糖溶化。
2. 将面粉拌入搓匀，揉搓至面团光滑。
3. 用保鲜膜包起，醒发一会儿。
4. 将面团分切成每件30克的小面团，压薄备用。
5. 猪肉切碎加入各种调味料拌匀成馅。
6. 用面皮包入馅料。
7. 收口捏成雀笼形。
8. 排入蒸笼醒发一会儿，然后用猛火蒸约 8 分钟即可。

菜心小笼包

材料 面粉 500 克，猪肉 250 克，胡萝卜 20 克，菜心 100 克

调料 盐 6 克，鸡精、糖各 8 克，油、蟹子、蛋黄各少许

做法

1. 面粉开窝，加入清水、油、盐。
2. 拌匀后，揉搓至面团光滑。
3. 用保鲜膜包好，醒发半小时左右。
4. 醒发好后切成 30 克 / 个的小面团，再将其擀成圆薄片。
5. 馅料混合拌匀。
6. 面皮包入馅料，收口捏紧。
7. 排入蒸笼，醒发一会儿。
8. 用蟹子或蛋黄装饰，用大火蒸约 8 分钟即可。

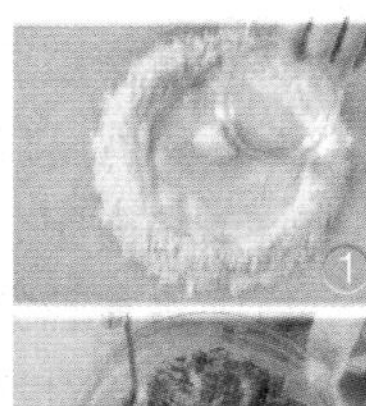

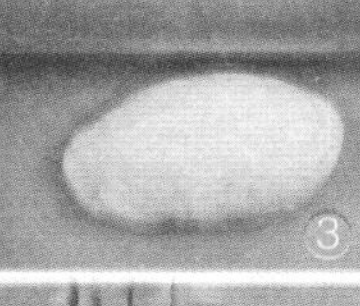
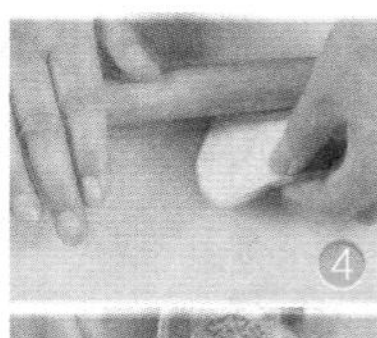
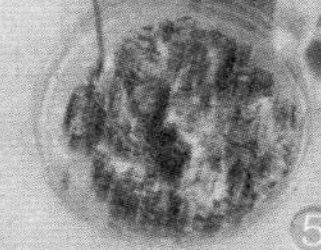
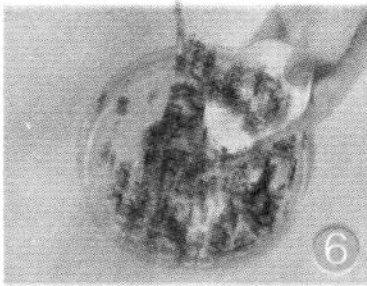
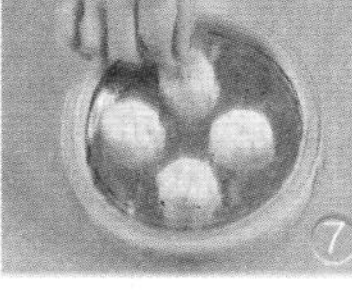
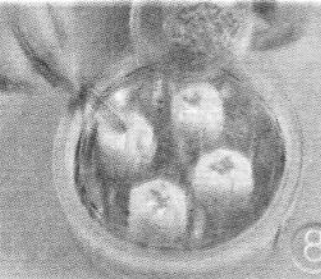

香菇菜包

材料 泡发香菇30克，青菜1棵，豆腐干30克，面团200克

调料 葱、姜、香油各10克，盐、味精各2克

做法

1. 青菜焯烫后剁碎；豆腐干切碎；葱切花；姜切末。
2. 青菜放在碗中，调香油拌匀，再加豆腐干、香菇，调入盐、味精、葱花和姜末拌匀成馅料。
3. 面团揉匀，揉搓长条，下小剂子，按扁，擀成面皮。
4. 将馅料放入面皮中，捏成提花生坯，醒发1小时后，入锅蒸熟即可。

燕麦豆沙包

材料 低筋面粉、泡打粉、干酵母粉、改良剂、燕麦粉各适量

调料 砂糖30克，豆沙馅适量

做法

1. 面粉、泡打粉过筛与燕麦粉混合、开窝。
2. 加入砂糖、酵母粉、改良剂、清水搓至糖溶化。
3. 将面粉拌入，揉搓至面团光滑。
4. 用保鲜膜包好，醒发20分钟。
5. 然后将面团分切30克/个的小面团。
6. 将面团擀成薄皮，包入豆沙馅。
7. 将包口收紧成包坯。
8. 将包坯放入蒸笼，稍醒发后用猛火蒸约8分钟即可。

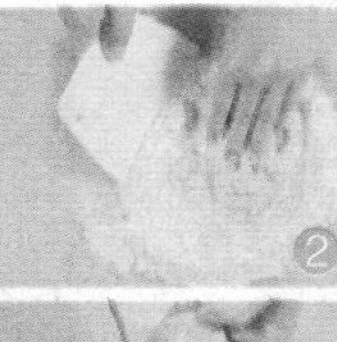

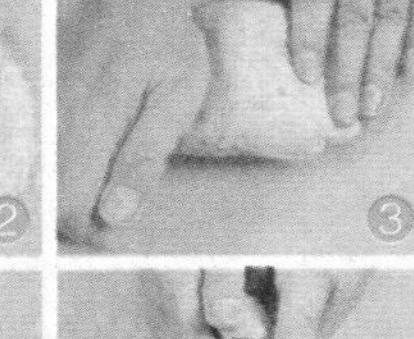

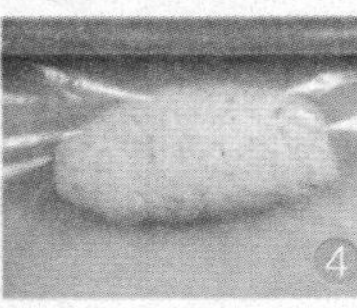

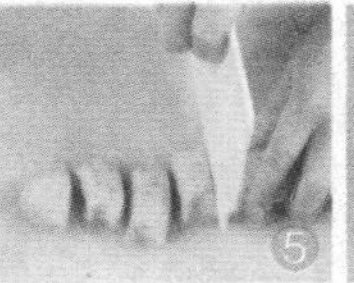

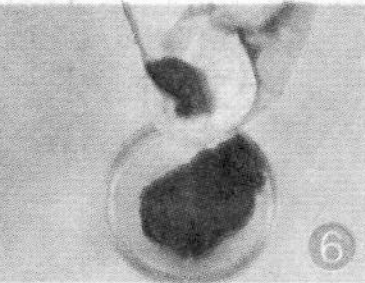

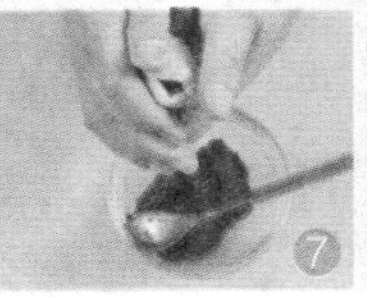

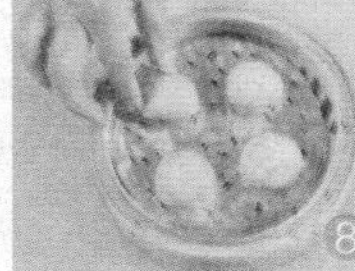

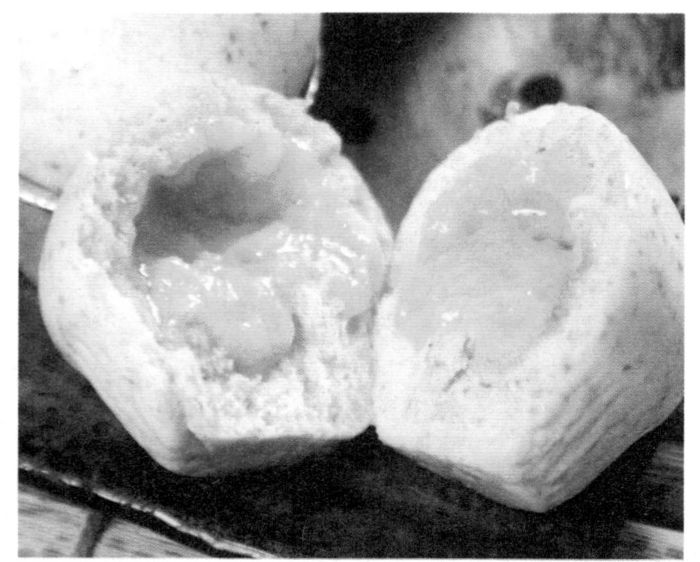

燕麦奶黄包

材料 低筋面粉、泡打粉、干酵母粉、改良剂、燕麦粉各适量

调料 奶黄馅适量，砂糖 30 克

做法

①低筋面粉、泡打粉一起过筛与燕麦粉混合开窝。②加入砂糖、酵母粉、改良剂、清水拌至砂糖溶化。③将面粉拌入，揉搓至面团光滑。④用保鲜膜盖起醒发约 20 分钟。⑤将面团搓成长条，分切成约 30 克 / 个的小面团。⑥将面团擀成皮。⑦包入奶黄馅，把收口捏紧。⑧排入蒸笼内，静置，再用猛火蒸约 8 分钟即可。

豌豆包

材料 面团 500 克，罐装豌豆 1 罐

调料 白糖 30 克

做法

①将豌豆榨成泥状，捞出，加入白糖和匀成馅。②将面团下成大小均匀的面剂，再擀成面皮，取一张面皮，内放豌豆馅。③将面皮向中间捏拢，再将包住馅的面皮揉光滑，封住馅口，即成生坯。④生坯醒发 1 小时左右，再上笼蒸熟即可。

虾仁包

材料 面团 500 克，虾仁 250 克，猪肉末 40 克

调料 盐 3 克，味精 2 克，白糖 10 克，老抽、麻油各适量

做法

①将虾仁去壳洗净，加肉末和盐、味精、白糖、老抽、麻油拌匀成馅。②将面团下成大小均匀的面剂，再擀成面皮；取一张面皮，内放20克馅料，再将面皮从外向里，打褶包好。③将包好的生坯醒发1小时左右，再上笼蒸熟即可。

秋叶包

材料 面团 500 克，菠菜 100 克，猪肉末 150 克

调料 盐 3 克，白糖 15 克，味精 4 克，麻油、生油各少许

做法

1 将一半菠菜叶洗净，放入搅拌机中搅打成菠菜汁。2 再将打好的菠菜汁倒入揉好的面团中。3 揉成菠菜汁面团。4 再将面团搓成光滑的长条。5 将长条摘成大小一致的小剂子。6 再将小剂子面团揉至光滑。7 取另一半菠菜与猪肉末、调味料拌匀成馅。8 将揉好的面团放在案板上。9 再用擀面杖擀成薄面皮。10 取一面皮，内放 20 克馅料。11 将面皮的一端向另一端打褶包成秋叶形生胚。12 将生胚放在案板上醒发 1 小时，上笼蒸熟即可。

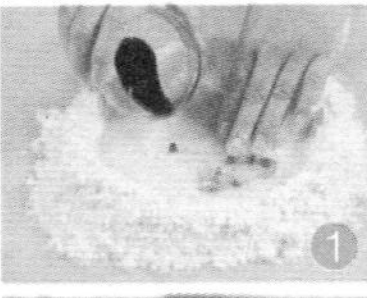
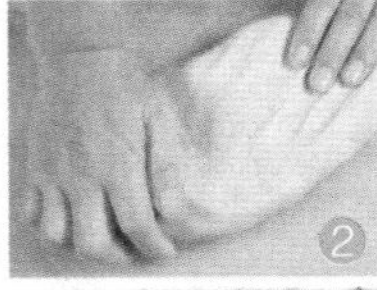

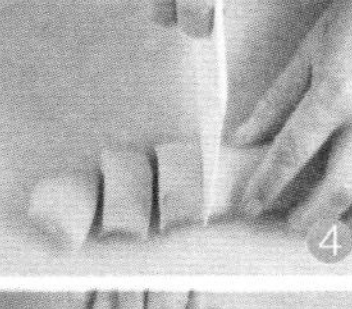

香芋包

材料 低筋面粉、泡打粉、酵母粉、改良剂、鲮鱼滑各适量

调料 砂糖 20 克，香菜、香芋适量，色香油 5 克

做法

1. 低筋面粉、泡打粉过筛开窝，加糖、酵母粉、改良剂、清水、香芋、色香油。
2. 拌至糖溶化，将面粉拌入，揉搓至面团光滑。
3. 用保鲜膜包起，醒发一会儿。
4. 将面团分切成 30 克 / 个的小面团。
5. 然后擀成薄皮备用。
6. 鲮鱼滑与香菜拌匀成馅。
7. 用薄皮包入馅料，将包口收紧捏成雀笼形。
8. 均匀排入蒸笼内醒发一会儿，用猛火蒸约 8 分钟即可。

京葱煲仔包

材料 调料面团 500 克，京葱 2 根，肉馅末 20 克，虾仁 20 克，鸡毛菜适量

调料 生油少量，盐 5 克，味精 8 克，白糖 30 克，白芝麻 10 克

做法

1. 把肉末加入所有调味料再与鸡毛菜一起放入碗内，搅匀。
2. 将面团下成大小均匀的面剂，再擀成面皮，将和好的肉馅放于面皮之上，打褶包好。
3. 将包子生胚放在案板上醒发 1 小时左右，再上笼蒸熟，取出。
4. 取京葱洗净切成长段。
5. 将切好的京葱放于煲仔内，其上放置蒸好的包子。
6. 盖好盖，上锅煎黄即可。

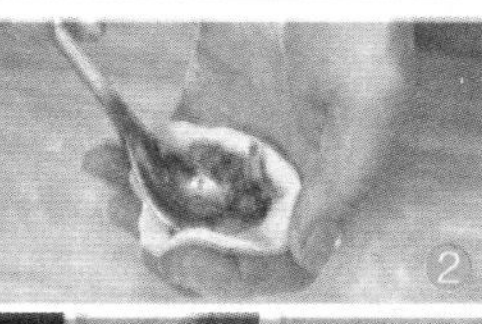
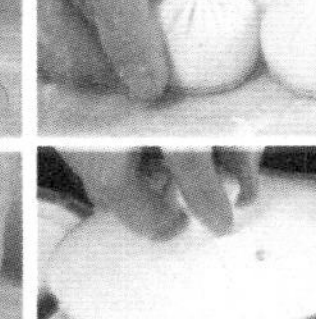

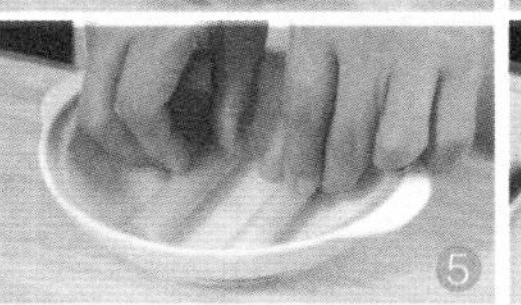

灌汤小笼包

材料 面团 500 克，肉馅 200 克

调料 盐 3 克

做法

1. 将面团揉匀后，搓成长条，再切成小面剂，用擀面杖将面剂擀成面皮。
2. 取一面皮，内放 50 克馅料，将面皮从四周向中间包好。
3. 包好以后，放置醒发半小时左右，再上笼蒸 6 分钟，至熟即可。

麻蓉包

材料 面皮 10 张，白芝麻 100 克，芝麻酱 1/3 罐，花生酱 20 克

调料 黄油 20 克，淀粉 12 克，糖 15 克

做法

1. 将白芝麻放入锅中炒香，加入芝麻酱、花生酱、黄油、淀粉、白糖一起拌匀成麻蓉馅。
2. 取一面皮，内放麻蓉馅，再将面皮从下向上捏拢。
3. 将封口捏紧即成生坯，醒发 1 小时后，上笼蒸熟即可。

翡翠小笼包

材料 面团 500 克，菠菜 400 克，猪肉末 40 克

调料 味精、糖、老抽、盐各适量

做法

1. 将一半菠菜打成汁，加入面团中揉匀，搓成长条，再分成小面团。
2. 将小面团擀成中间稍厚周边圆薄的面皮。
3. 剩余菠菜切碎，与猪肉末、调味料拌成馅，放在面皮上。
4. 将面皮对折起来，打褶包成生坯。
5. 将生坯醒发 1 小时，上笼蒸熟即可。

瓜仁煎包

材料 生包 4 个，瓜子仁 20 克，鸡蛋 1 个

调料 盐、淀粉各适量

做法

① 鸡蛋打散，加入淀粉搅拌成蛋糊。

② 再将生包底部蘸取适量蛋糊，再粘上一些瓜子仁。

③ 煎锅上火，下入生包煎至包熟、瓜仁香脆即可。

冬菜鲜肉煎包

材料 面团 500 克，肉末、冬菜末各 200 克，蛋清 1 个

调料 葱花、鸡精、盐各 3 克

做法

① 面团搓成条，下成小剂，擀成薄皮。

② 肉末和冬菜末内加入盐、鸡精，拌匀成馅料。

③ 取一张面皮，上放馅料，包成形，醒发30分钟，上笼蒸5分钟至熟，取出。

④ 包子顶部沾上蛋清、葱花，底部煎成金黄色，取锅内热油，淋于包子顶部，至有葱香味即可。

五香卤肉包

材料 卤猪肉 200 克，面团 200 克

调料 姜、葱、五香粉各 15 克，盐 3 克

做法

① 葱切花，姜去皮切末，卤猪肉切条，用五香粉、盐拌匀，腌 10 分钟，再切碎，加入葱花、姜末拌匀。

② 面团揉匀，揉搓成长条，下剂按扁，擀成薄皮。

③ 将拌匀的馅料放入面皮中央，左手托住面皮，右手捏住面皮边缘，旋转一周，捏成提花生坯。

④ 生坯放置醒发 1 小时，再入锅中蒸熟即可。

饺子

墨鱼蒸饺

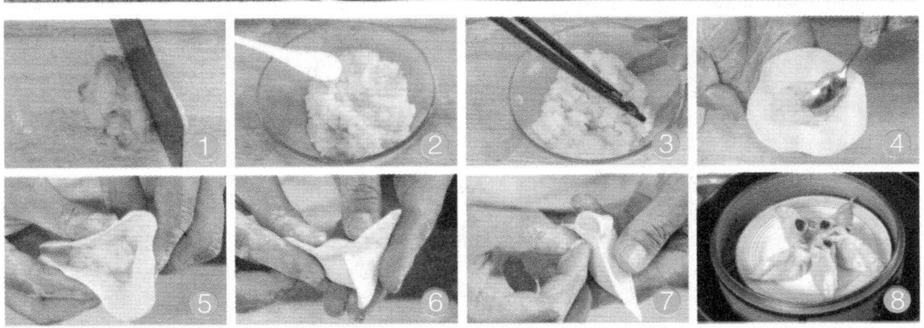

材料 墨鱼 300 克，面团 500 克

调料 盐 5 克，味精 6 克，白糖 8 克，麻油少许

做法

1. 墨鱼洗净，剁成碎粒。
2. 加入所有调味料。
3. 再和调味料一起拌匀成馅。
4. 取 20 克馅放于面皮之上。
5. 将面皮从三个角向中间收拢。
6. 包成三角形。
7. 再捏成金鱼形，即成生胚。
8. 入锅蒸 8 分钟至熟即可。

家乡咸水饺

材料 糯米粉 500 克，猪油、澄面、猪肉各 150 克，虾米 20 克

调料 盐 5 克

做法

1. 清水、糖煮开，加入糯米粉、澄面。
2. 烫熟后倒出来，在案板上搓匀。
3. 加入猪油揉搓至面团光滑。
4. 搓成长条状，分切成 30 克 / 个的小面团后压薄。
5. 猪肉切碎与虾米加调料炒熟。
6. 用压薄的面皮包入馅料。
7. 将包口捏紧成型。
8. 以 150℃的油温炸成浅金黄色熟透即可。

薄皮鲜虾饺

材料 面团 200 克，馅料 100 克（内含虾肉、肥膘肉、竹笋各适量）

做法

1. 将面团擀成面皮，备用。
2. 再取适量馅料放在面皮上。
3. 再将面皮从四周向中间打褶包好。
4. 包好后，放置醒发半个小时。
5. 再上笼蒸 7 分钟，至熟即可。

鱼肉水饺

材料 饺子皮 150 克，鱼肉 75 克

调料 姜、葱各 20 克，盐 2 克，料酒少许

做法

1. 鱼肉加入料酒，剁成泥，姜、葱亦剁成泥。
2. 鱼肉泥加盐、姜末、葱末，用筷子拌匀，搅拌至肉馅上劲，即成鱼肉酱。将水饺皮取出，包入鱼肉馅，做成木鱼状生水饺坯。
3. 锅中加水煮开，放入生水饺，用大火煮至水饺浮起时，加入一小勺水，煮至饺子再次浮起即可。

三鲜凤尾饺

材料 面粉 300 克，菠菜 200 克，鱿鱼、火腿、鱼各 10 克，香菇 5 朵，蛋清 3 个

调料 盐 5 克，味精 2 克，葱 2 根，姜 1 块

做法

1. 将菠菜洗净汆水，剁成蓉加水和面。
2. 把鱿鱼、火腿、香菇切成丁；鱼去皮、刺，切成蓉。
3. 加入蛋清，调入盐、味精和所有的原材料，拌匀，包成饺子。
4. 锅中加水烧热，饺子放入锅内，蒸熟即可。

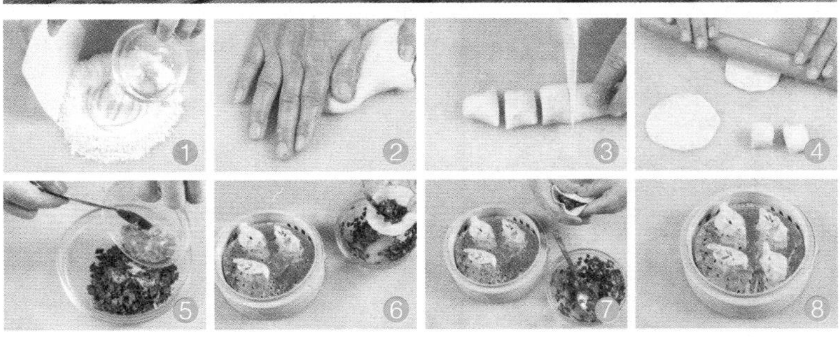

家乡蒸饺

材料 面粉500克，韭菜200克，猪肉滑100克，上汤200克

调料 盐1克，鸡精2克，糖3克，胡椒粉3克

做法

1. 面粉过筛开窝，加入清水。
2. 将面粉拌入，揉搓至面团光滑。
3. 面团醒发一会儿后分切成10克/个的小面团。
4. 擀压成薄面皮备用。
5. 馅料切碎与调味料拌匀成馅。
6. 用薄皮将馅料包入。
7. 然后将收口捏紧成型。
8. 均匀排入蒸笼内，用猛火蒸约6分钟。

脆皮豆沙饺

材料 糯米粉150克，澄面、猪油各50克，豆沙100克

调料 糖20克

做法

1. 清水、糖加热煮开，加入糯米粉、澄面。
2. 拌至没粉粒状倒在案板上。
3. 拌匀后加入猪油，揉搓至面团光滑。
4. 将面团搓成长条状。
5. 将面团、豆沙分切成4个。
6. 将面团擀压成薄皮。
7. 将豆沙馅包入，捏成三角形。
8. 醒发一会儿，然后炸成浅金黄色即可。

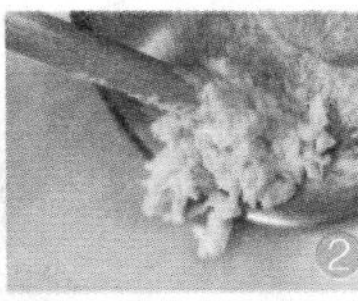
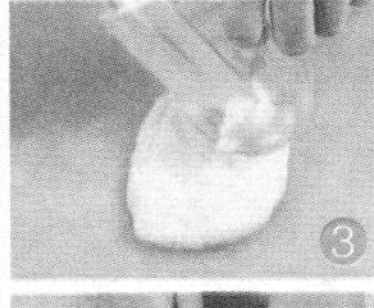
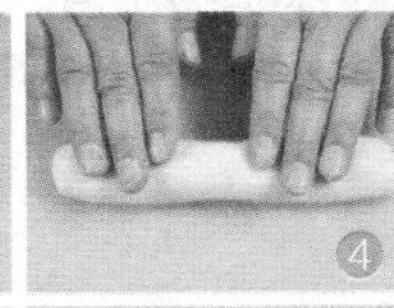
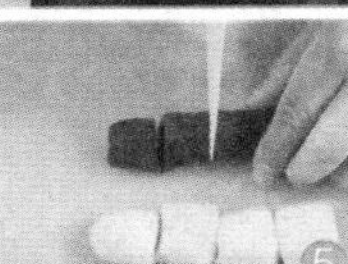

大白菜水饺

材料 肉馅250克，饺子皮500克，大白菜100克

调料 盐、味精、糖、麻油各3克，胡椒粉少许，生油少许

做法

1. 大白菜洗净，切成碎末。
2. 大白菜加入肉馅中，再放入所有调味料一起拌匀成馅料。
3. 取一饺子皮，内放20克的肉馅。
4. 将面皮对折。
5. 再将面皮的边缘包起，捏成饺子形。
6. 再将饺子的边缘扭成螺旋形。

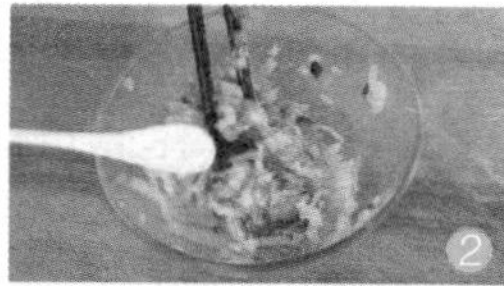

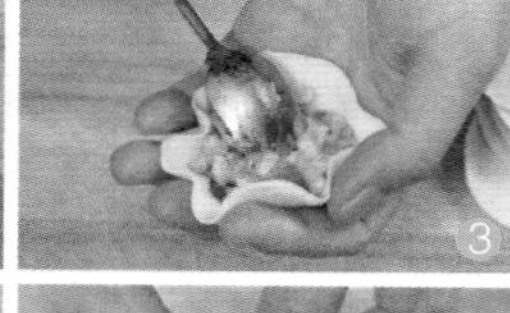

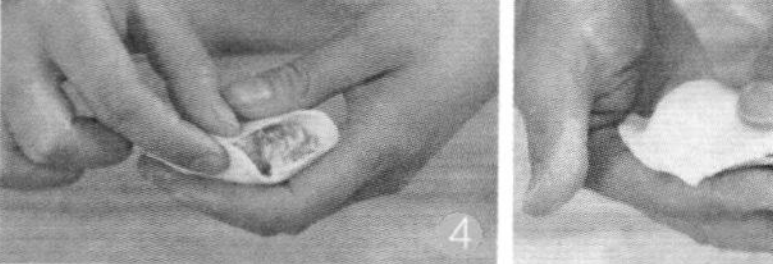

菠菜水饺

材料 肉馅250克，饺子皮500克，菠菜100克

调料 糖5克，味精、盐、麻油各3克，胡椒粉、生油各少许

做法

1. 菠菜洗净，切成碎末状。
2. 在切好的菠菜与肉馅内加入所有调味料一起拌匀成馅。
3. 取一饺子皮，内放20克的肉馅。
4. 将饺子皮的两角向中间折拢。
5. 然后将中间的面皮折成鸡冠形。
6. 再将鸡冠形面皮掐紧，即成生胚。

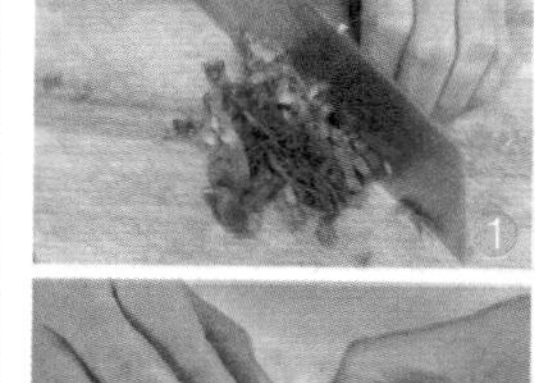

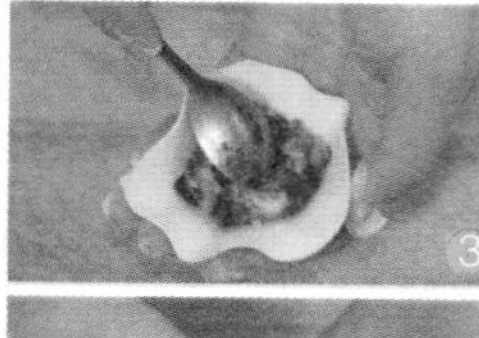

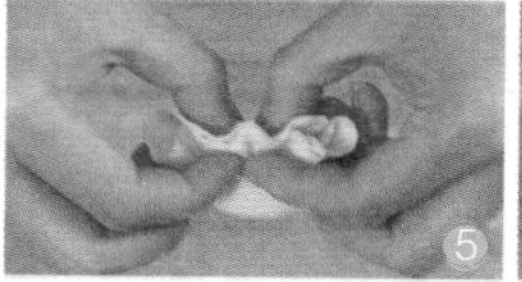

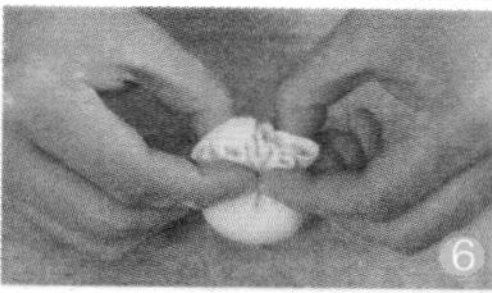

三鲜水饺

材料 鱿鱼、虾仁、鱼肉各100克，饺子皮30克

调料 盐、麻油各3克，糖6克，味精、胡椒粉、生油各少许

做法

1. 将三种原材料洗净，剁成泥状。
2. 剁好的原材料内加入所有调味料一起拌匀成馅。
3. 取一饺子皮，内放20克的馅。
4. 将面皮对折，封口处捏紧，再将面皮边缘捏成螺旋形。

猪肉雪里蕻饺

材料 猪肉末600克，雪里蕻100克，饺子皮500克

调料 盐6克，白糖10克，老抽少许

做法

1. 雪里蕻与猪肉放入碗内，加入盐、白糖、老抽一起拌匀成馅料。
2. 取一饺子皮，内放20克馅料，面皮从外向里捏拢，再将面皮的边缘包起，捏成凤眼形。
3. 入锅中蒸6分钟至熟即可。

云南小瓜饺

材料 云南小瓜 50 克，猪肉 20 克，虾仁 10 克，面粉 30 克

调料 盐、糖各少许，淀粉 50 克

做法

1. 将淀粉、面粉加水，擀成面皮。
2. 小瓜切粒，焯水，脱水去味。
3. 猪肉、虾仁切小粒，与小瓜拌匀，加盐、糖搅匀成馅料。
4. 将馅料包入面皮中，捏成型，蒸 3~4 分钟即可。

顺德鱼皮饺

材料 鱼皮、猪肉末各 100 克，鱼肉 50 克，韭黄、青菜各 2 根

调料 葱、姜、盐各 15 克，上汤 200 克

做法

1. 将韭黄洗净切成段，葱切花，青菜洗净，姜洗净切丝，鱼肉剁成末，放在一起搅匀。
2. 在鱼肉末中放入盐、和猪肉末一起搅匀，包在鱼皮内成饺子。
3. 锅中注入上汤，放入饺子、青菜煮熟即可。

青椒牛肉饺

材料 牛肉 250 克，饺子皮 500 克，青椒 15 克

调料 糖、盐、味精、麻油、蚝油、胡椒粉、生抽各适量

做法

1. 青椒洗净，切成粒。
2. 切好的青椒粒加入牛肉中，再加入所有调味料一起拌匀成馅。
3. 取一饺子皮，内放 20 克的牛肉馅，将面皮对折。
4. 将封口处捏紧，再将面皮从中间向外面挤压成水饺形。

牛肉冬菜饺

材料 牛肉250克，饺子皮500克，冬菜15克

调料 盐3克，糖、生抽各10克

做法

1. 冬菜内加入切好的牛肉末，再加入剩余用料（饺子皮除外），一起搅拌均匀成牛肉馅。
2. 取一饺子皮，内放20克的牛肉馅，将面皮对折，封口处捏紧，再将面皮从中间向外面挤压成水饺形。
3. 做好的水饺下入沸水中煮熟即可。

牛肉大葱饺

材料 牛肉300克，大葱80克，饺子皮500克

调料 盐8克，味精3克，糖5克

做法

1. 牛肉洗净剁成肉泥，大葱洗净切成粒。
2. 牛肉、大葱内加入盐、味精、糖一起拌匀。
3. 取一饺子皮，内放20克馅料，面皮从外向里收拢，在肉馅处捏好，再将顶上的面皮捏成花形。
4. 用韭菜在馅料与花形之间绑好，再入锅蒸好即可。

馄饨

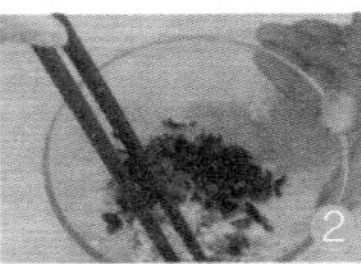

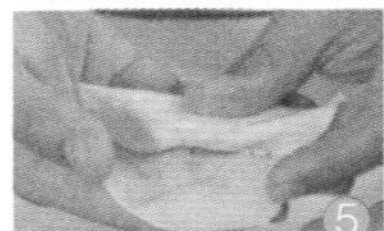
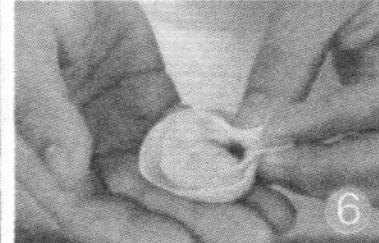

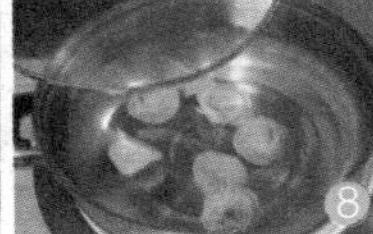

梅菜猪肉馄饨

材料 梅菜100克，猪肉末150克，馄饨皮100克

调料 盐5克，味精5克，白糖18克

做法

1. 梅菜洗净切碎。
2. 将梅菜、猪肉末放入碗中，调入调味料拌匀。
3. 将馅料放入馄饨皮中央。
4. 将皮边缘从一端向中间卷起。
5. 卷至皮的一半处。
6. 再将两端捏紧。
7. 锅中注水烧开，放入包好的馄饨。
8. 盖上锅盖煮3分钟即可。

猪肉馄饨

材料 五花肉馅200克，葱50克，馄饨皮100克

调料 盐4克，味精5克，白糖10克，香油少许

做法

1. 肉馅中加少许水剁至黏稠状，葱切花。
2. 将肉馅放入碗中，加入葱花，调入调味料拌匀。
3. 将馅料放入馄饨皮中央。
4. 慢慢折起，使皮四周向中央靠拢。
5. 直至看不见馅料，再将馄饨皮捏紧。
6. 捏至底部呈圆形。
7. 锅中注水烧开，放入包好的馄饨。
8. 盖上锅盖煮3分钟即可。

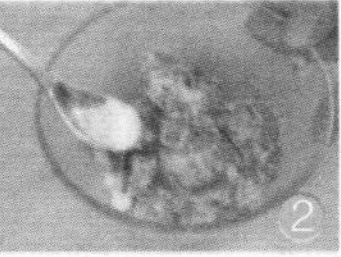
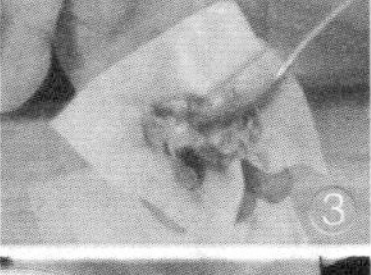

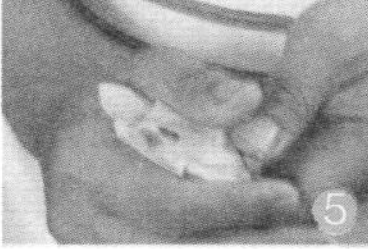
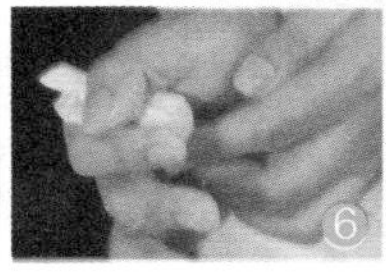

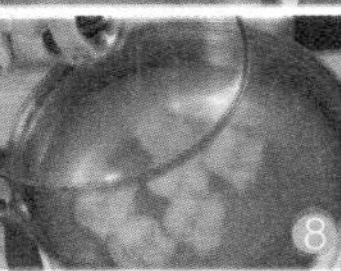

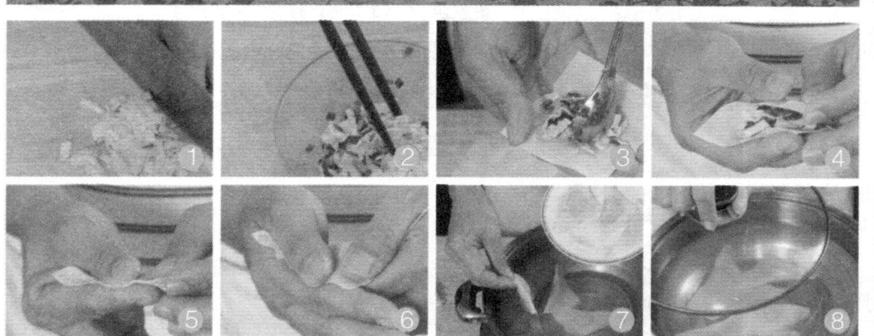

鸡蛋馄饨

材料 鸡蛋1个，韭菜50克，馄饨皮50克

调料 盐5克，味精4克，白糖8克，香油少许

做法

1. 韭菜洗净切粒，鸡蛋煎成蛋皮切丝。
2. 将韭菜、蛋丝放入碗中，调入调味料拌匀。
3. 将馅料放入馄饨皮中央。
4. 取一角向对边折起。
5. 折成三角形。
6. 将边缘捏紧即成。
7. 锅中注水烧开，放入包好的馄饨。
8. 盖上锅盖煮3分钟即可。

鸡肉馄饨

材料 鸡脯肉100克，葱20克，馄饨皮50克

调料 盐5克，味精4克，白糖10克，香油少许

做法

1. 鸡脯肉洗净剁碎，葱洗净切花。
2. 将鸡脯肉放入碗中，加入葱花，调入调味料拌匀。
3. 将馅料放入馄饨皮中央。
4. 慢慢折起，使皮四周向中央靠拢。
5. 直至看不见馅料，再将馄饨皮捏紧。
6. 捏至底部呈圆形。
7. 锅中注水烧开，放入包好的馄饨。
8. 盖上锅盖煮3分钟即可。

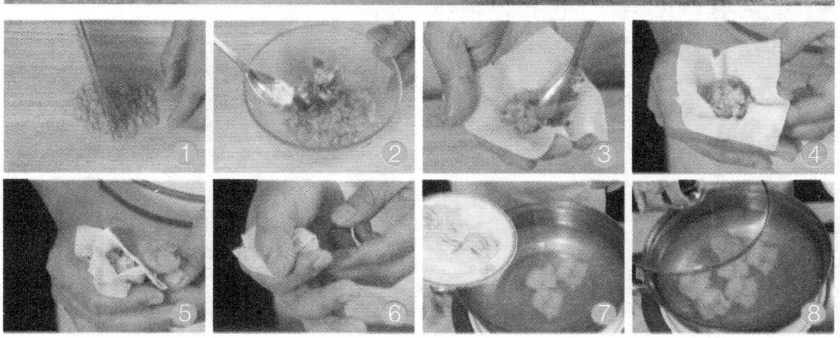

牛肉馄饨

材料 牛肉200克，葱40克，馄饨皮100克

调料 盐5克，味精4克，白糖10克，香油10克

做法

1. 牛肉切碎，葱切花。
2. 将牛肉放入碗中，加入葱花，调入调味料拌匀。
3. 将馅料放入馄饨皮中央。
4. 慢慢折起，使皮四周向中央靠拢。
5. 直至看不见馅料，再将馄饨皮捏紧。
6. 捏至底部呈圆形。
7. 锅中注水烧开，放入包好的馄饨。
8. 盖上锅盖煮3分钟即可。

孜然牛肉馄饨

材料 牛肉200克，葱40克，馄饨皮100克，孜然粉5克

调料 盐5克，味精4克，白糖10克，香油10克

做法

1. 肉切碎，葱切花。
2. 牛肉放入碗中，加入葱花、孜然粉，调入调味料拌匀。
3. 将馅料放入馄饨皮中央。
4. 慢慢折起，使皮四周向中央靠拢。
5. 直至看不见馅料，再将馄饨皮捏紧。
6. 捏至底部呈圆形。
7. 锅中注水烧开，放入包好的馄饨。
8. 盖上锅盖煮3分钟即可。

羊肉馄饨

材料 羊肉片100克，葱50克，馄饨皮100克

调料 食盐5克，味精4克，白糖16克，香油少许

做法

1. 羊肉片剁碎，葱择洗净切花。
2. 将羊肉放入碗中，加入葱花，调入调味料拌匀。
3. 将馅料放入馄饨皮中央。
4. 慢慢折起，使皮四周向中央靠拢。
5. 直至看不见馅料，再将馄饨皮捏紧。
6. 将头部稍微拉长，使底部呈圆形。
7. 锅中注水烧开，放入包好的馄饨。
8. 盖上锅盖煮3分钟即可。

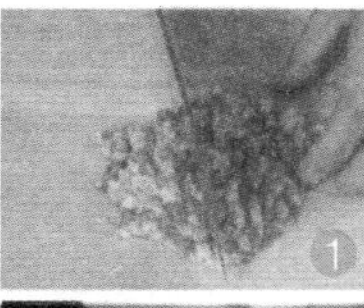
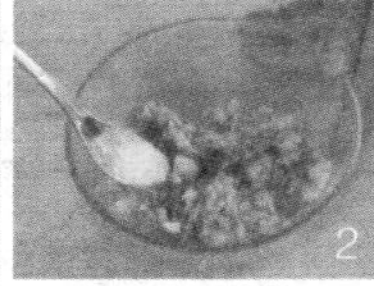
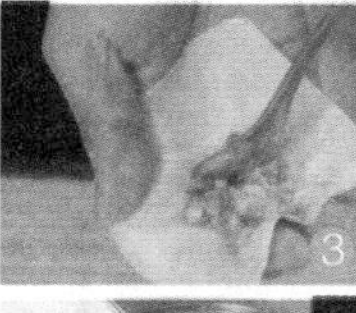
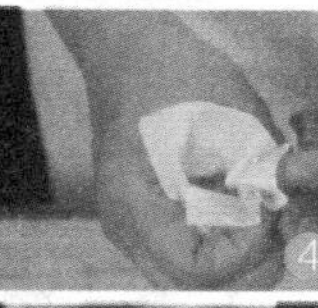

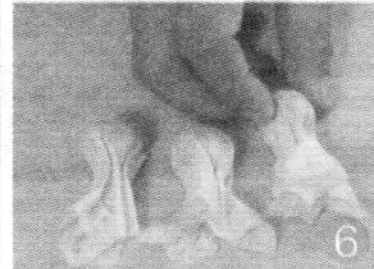

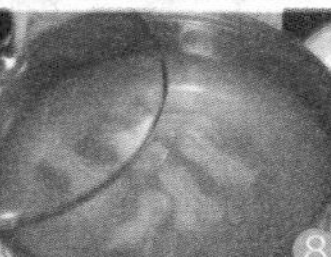

鲜虾馄饨

材料 鲜虾仁200克，韭黄20克，馄饨皮100克

调料 盐6克，味精4克，白糖8克，香油少许

做法

1. 鲜虾仁洗净，每个剖成两半，韭黄切粒。
2. 将虾仁放入碗中，加入韭黄粒，调入调味料拌匀。
3. 将馅料放入馄饨皮中央。
4. 慢慢折起，使皮四周向中央靠拢。
5. 直至看不见馅料，再将馄饨皮捏紧。
6. 将头部稍微拉长，使底部呈圆形。
7. 锅中注水烧开，放入包好的馄饨。
8. 盖上锅盖煮3分钟即可。

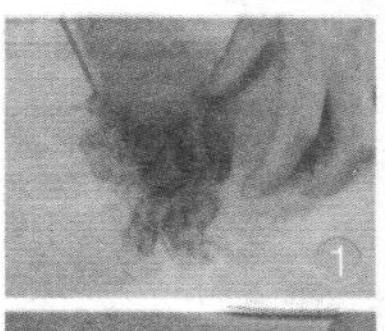

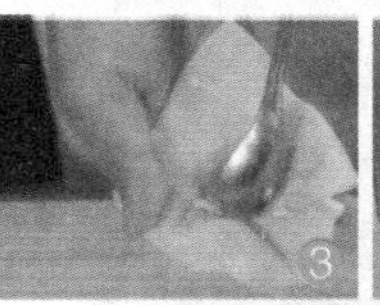
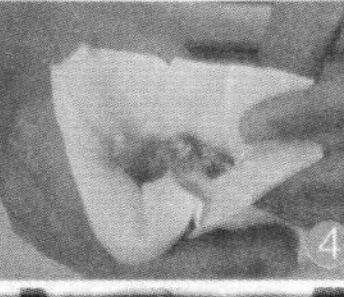

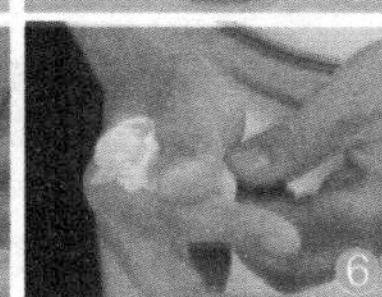

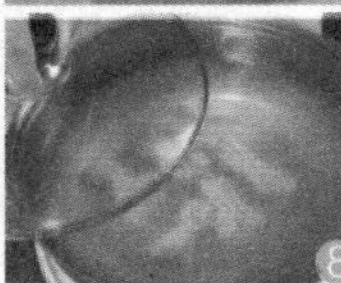

红油馄饨

材料 馄饨皮 100 克，肉末 150 克

调料 姜、葱、红油、香菜、盐各适量

做法

1. 姜、葱切末，与肉末、盐一起拌成黏稠状。
2. 取肉馅放于馄饨皮中央，将皮对角折叠成三角形。
3. 用手捏紧，馅朝上翻卷，两手将饺皮向内压紧，逐个包好。
4. 锅中加水煮开，放入馄饨，用勺轻推馄饨，用大火煮至馄饨浮起时，加入红油即可。

韭黄鸡蛋馄饨

材料 馄饨皮 100 克，韭黄 150 克，鸡蛋 2 个

调料 盐 3 克

做法

1. 韭黄切末，备用。
2. 鸡蛋磕入碗中，加入韭黄末、盐搅拌匀。
3. 将拌好的鸡蛋下入锅中炒散制成馅。
4. 取 1 小勺馅放于馄饨皮中央，用手对折捏紧。
5. 逐个包好，入锅煮熟，加盐调味即可。

鸡蛋猪肉馄饨

材料 面粉 200 克，猪肉 50 克，鸡蛋 1 个

调料 葱 10 克，盐 2 克，高汤适量

做法

1. 将面粉加入清水做成馄饨皮。
2. 将猪肉剁成泥，加入盐、鸡蛋做成馅，备用。
3. 把盐、葱花放在碗里，搅拌做成调味料，加入适量高汤。
4. 最后把馄饨皮包上肉馅，再用开水煮熟，捞入调味料碗里即可。

第4部分

爽滑筋道面条

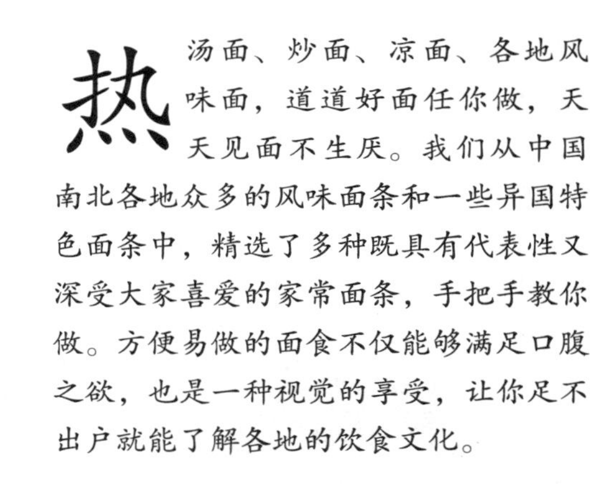

热汤面、炒面、凉面、各地风味面，道道好面任你做，天天见面不生厌。我们从中国南北各地众多的风味面条和一些异国特色面条中，精选了多种既具有代表性又深受大家喜爱的家常面条，手把手教你做。方便易做的面食不仅能够满足口腹之欲，也是一种视觉的享受，让你足不出户就能了解各地的饮食文化。

制作面条的小窍门

面条由于制作简单，营养丰富，因此成为人们喜爱的主食之一。但有时候大多数人煮出来的面条并不好吃，究竟要注意哪些方法呢？下面就介绍多种煮面条的小窍门，相信一定可以让你煮出美味可口的面条。

巧煮面条

煮挂面时，不要等水沸后才下面。当锅底有小气泡往上冒时就下面，搅动几下，盖锅煮沸，适量加冷水，再盖锅煮沸就熟了。这样煮面，面柔而汤清。

怎样使面条不粘连

平时我们在家里煮面条，煮完之后稍微放一会儿面条就会粘在一起。这里教给您一个面条不粘连的办法：煮面之前在锅里加一些油，由于油漂浮在水面上，水里的热气散不出去，水开得就快了。

面条煮好以后漂在水面上的油就会挂在面条上，

再怎么放也不会粘连了。另外，在煮挂面时，不要等水开了再下面条，可以在温水时就把面下了，这样面熟得就快了。

面条走碱的补救

市场上买来的生面条，如果遇上天气潮湿或闷热，极易走碱。走碱的面条煮熟后会有一股酸馊味，很难吃。我们如果发现面条已经走碱，烹煮的时候，在锅中放入少许食用碱，煮熟后的面条就和未走碱时一样了。

如何制作烫酵面

烫酵面，就是在拌面时掺入沸水，先将面粉烫熟，拌成“雪花形”，随后再放入老酵，揉成面团，让其发酵（一般发至五六成左右）。烫酵面组织紧密，性糯软，但色泽较差，制成的点心、皮子劲足有韧性，能包牢卤汁，宜制作生煎馒头或油包等。

手擀面的做法

原材料：面粉 500 克，盐 25 克，鸡蛋 1 个

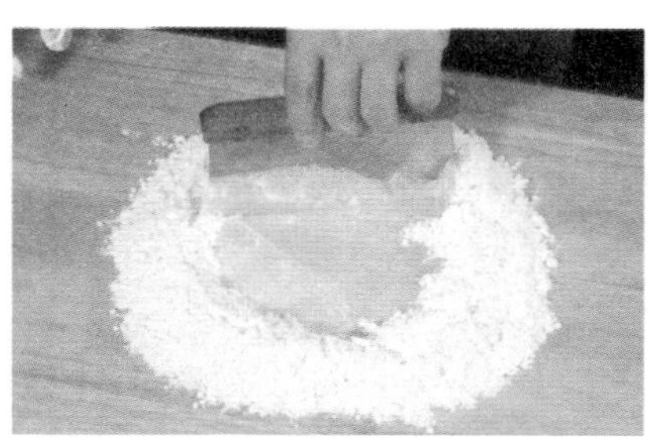

① 将面粉放在案板上，开窝。

② 将盐放在窝中间。

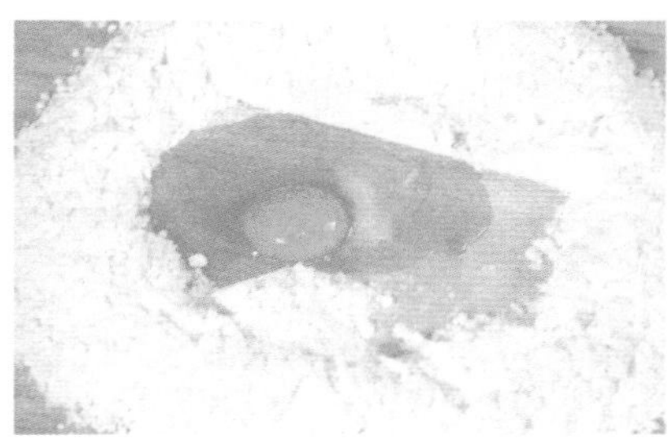

③ 加入 1 个鸡蛋。

④ 加入 175 毫升冷水。

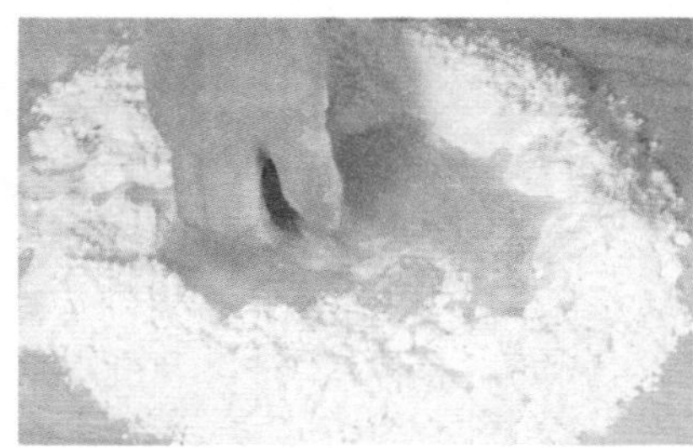

⑤ 先用手将蛋液、盐、水拌匀。

⑥ 再将面粉拌匀。

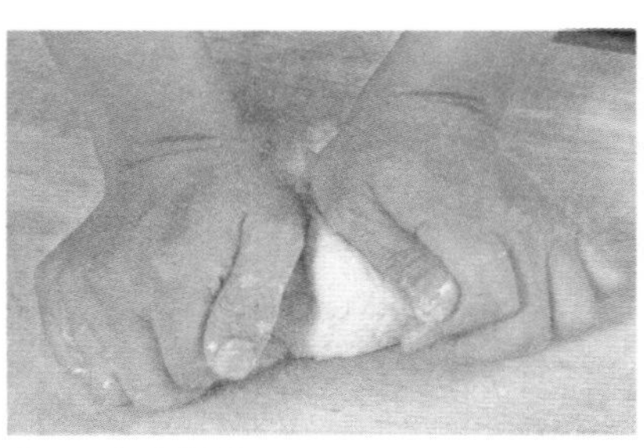

⑦ 揉成光滑的面团。

⑧ 用擀面杖将面团擀薄。

⑨ 将面皮卷在擀面杖上，擀成 4 毫米厚的面片后叠起。

⑩ 切成 0.5 厘米宽的面条。

⑪ 撒上少许面粉，用手将切好的面条扯散即可。

冷面的做法

原材料：面粉 500 克，盐 25 克，鸡蛋 1 个

① 将面粉放在案板上，开窝。

② 将盐放在窝中间。

③ 加入 1 个鸡蛋。

④ 加入 175 毫升冷水。

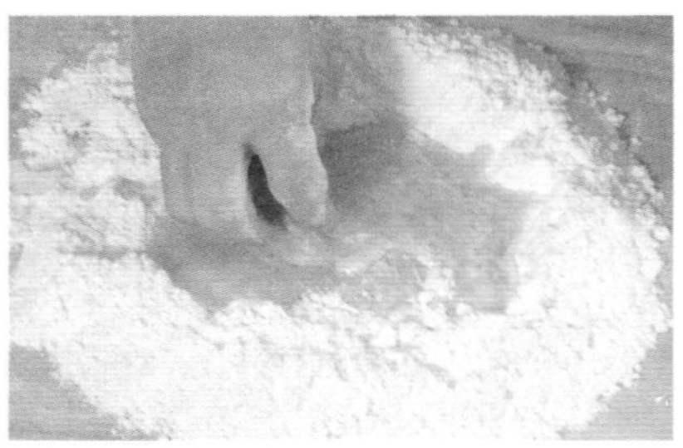

⑤ 先用手将蛋液、盐、水拌匀。

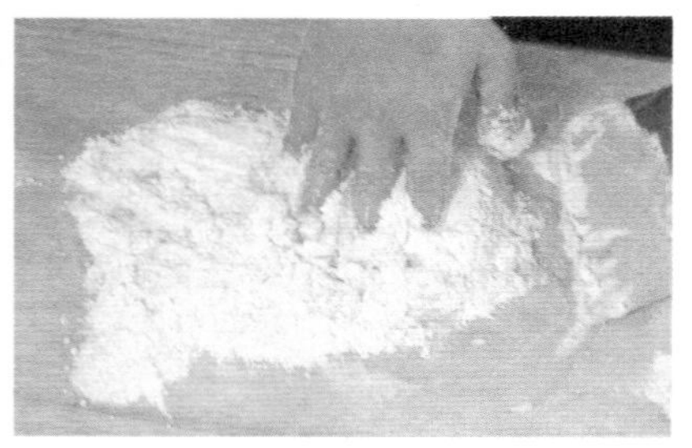

⑥ 再将面粉拌匀。

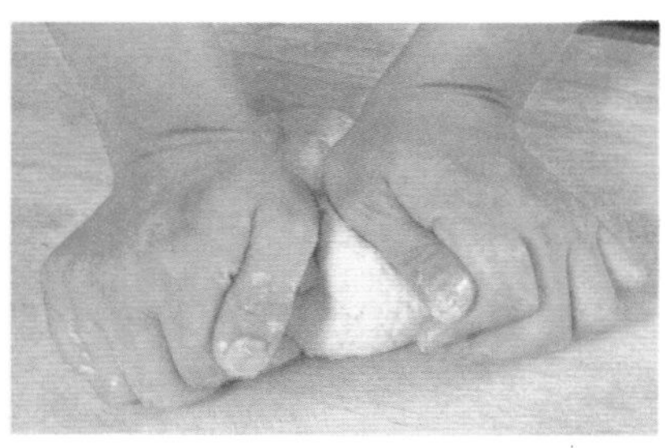

⑦ 揉成光滑的面团。

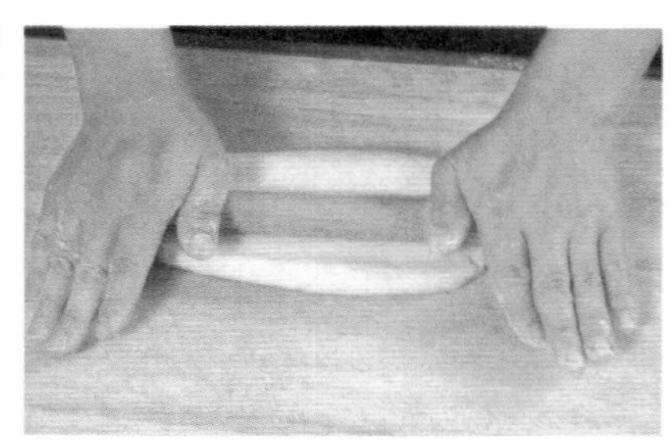

⑧ 用擀面杖将面团擀薄。

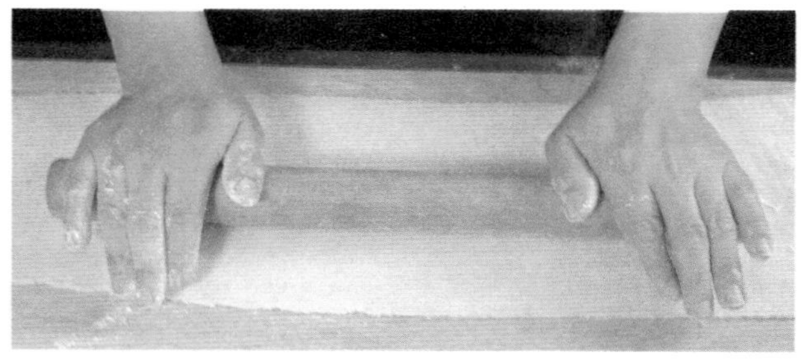

⑨ 擀成 3 毫米厚的面片。

⑩ 叠起，切成牙签粗细的面条，撒上面粉，扯散即可。

热汤面

油菜木耳面

材料 面条300克，油菜100克，水发木耳、玉米粒、豌豆、胡萝卜、黄瓜各50克

调料 盐3克

做法

1 将油菜、玉米粒、豌豆洗净；水发木耳洗净，撕小朵；胡萝卜、黄瓜洗净，切丝。2 锅中烧热水，放入油菜、水发木耳、玉米粒、豌豆、胡萝卜、黄瓜，调入盐，煮熟。3 另起锅，烧热水，下入面条，煮熟，捞起，放入已有配菜的碗中即可。

尖椒牛肉面

材料 拉面250克，牛肉40克

调料 盐3克，味精2克，青椒、红椒各40克，香菜、葱各少许，牛骨汤200克

做法

1 香菜、葱均洗净切末；青椒、红椒均洗净切菱形片。2 炒锅置火上，将青椒、红椒下锅炒香，再倒入牛肉炒匀，加盐、味精，一起炒至熟；锅中加水烧开，拉面摆入开水锅中。3 拉面煮熟后，捞入盛有牛骨汤的碗中，再将炒好的尖椒牛肉和香菜、葱加入拉面中即可。

四川担担面

材料 面条、猪肉末、芽菜、油炸花生碎各200克，油酥黄豆、油菜各100克

调料 熟白芝麻30克，葱花15克，盐3克，醋、糖、香油、猪油、料酒各5克，红油10克

做法

1 油菜洗净，焯烫捞出。2 锅中倒油烧热，加入猪肉末、盐、料酒、芽菜炒至金黄。3 用醋、香油、红油、猪油、糖调成味汁。4 面条下水煮熟装盘，淋上味汁，倒入芽菜、油菜、碎花生粒、油酥黄豆，撒上熟白芝麻和葱花。

牛肉清汤面

材料 牛肉200克，面条300克

调料 盐2克，葱5克，味精3克，卤水适量

做法 ①将牛肉放入卤水中卤熟；葱切花。②将卤熟后的牛肉块捞出，切成片。③锅中加水烧开，下入面条煮沸，再放入盐、味精，装入碗中，盖上牛肉片，撒上葱花即可。

肉丝面

材料 面条400克，猪肉100克，榨菜50克

调料 盐3克，酱油2克

做法 ①猪肉洗净切丝；榨菜洗净，切长条。②锅中倒水烧开，下入面条煮熟，倒入猪肉和榨菜煮至熟。③加入盐和酱油，拌匀调味即可。

排骨面

材料 面条200克，大排骨5片，青菜250克，红薯粉100克，高汤适量

调料 胡椒粉、葱各少许，酱油、盐各2克，酒5克

做法 ①排骨洗净、去筋，两面拍松，用酱油、酒、盐、胡椒粉腌约15分钟后，沾裹红薯粉。②油烧热，将排骨以中火炸至表面金黄后捞出。③面煮熟，青菜亦烫熟捞出，置于碗内。④面碗内加入葱花、高汤，再加上排骨即可。

雪里蕻肉丝面

材料 雪里蕻、面各200克，肉50克，榨菜丝20克

调料 盐、生抽各5克，胡椒粉3克，干辣椒、葱花各适量

做法 ①雪里蕻洗净剁成末；干辣椒洗净切段；肉洗净切丝。②将面稍过水煮熟后捞出，冲凉，装入碗内。锅中烧油，放入雪里蕻、干辣椒、肉丝、榨菜炒熟，注入面汤煮沸。③面汤中调入盐、生抽、胡椒粉拌匀，倒在面上，撒上葱花即可。

炒面

西北炒面

材料 拉面300克，鸡蛋、水发木耳、青椒、红椒各50克

调料 盐3克，酱油2克，陈醋3克，辣椒5克

做法

1. 拉面入锅煮熟备用；鸡蛋打散成蛋液；水发木耳洗净切丝。
2. 青椒、红椒分别洗净切条；辣椒洗净切碎。
3. 锅中倒油烧热，加入木耳、青椒和红椒炒熟。
4. 下入蛋液炒熟，再倒入拉面炒匀。
5. 加入调味料，炒匀入味即可。

火腿肉丝炒面

材料 火腿、猪肉各100克，面条400克，包菜200克，青椒5克，胡萝卜10克

调料 盐2克，酱油2克，蚝油4克

做法

1. 火腿洗净切细条；猪肉洗净切丝；包菜洗净切片。
2. 青椒洗净切圈；胡萝卜洗净切条；面条烫熟，捞出沥干备用。
3. 锅中倒油烧热，下火腿、猪肉炒至变色，加入包菜炒熟，再下青椒和胡萝卜炒匀。
4. 下入面条炒匀，加盐、酱油和蚝油炒至入味即可。

黄豆芽炒面

材料 面条250克，黄豆芽100克

调料 盐2克，酱油适量，青椒、红椒各20克

做法

1. 将黄豆芽洗净；青椒、红椒洗净，切丝。
2. 锅中水烧热，下入面条，煮熟，捞起，放入碗中。
3. 另起锅，倒油烧热，放入面条、黄豆芽、青椒、红椒，调入盐、酱油，炒匀即可。

午餐肉炒面

材料 面条300克，午餐肉200克，青菜80克

调料 盐2克，酱油3克

做法

1. 面条煮熟，过凉水沥干备用；午餐肉洗净，切条；青菜择好洗净。
2. 锅中倒油烧热，下入午餐肉炒熟，加入面条和青菜一同炒熟。
3. 下盐和酱油炒匀入味，即可出锅。

韩式炒面

材料 卤肉100克，虾100克，紫椰菜50克，面条150克

调料 盐3克，红椒30克

做法

1. 将虾去壳、去肠泥，取虾仁，洗净；紫椰菜洗净，切丝；面条入锅煮熟后，捞出；红椒洗净，去子切条。
2. 锅放油烧热，放入卤肉、虾仁、紫椰菜、红椒炒香。
3. 再放入面条，调入盐，炒熟即可。

拌面

咖喱皇拌面

材料 面条300克，土豆50克，牛肉100克，洋葱10克

调料 咖喱5克，盐2克，青椒、红椒各10克

做法

1. 面条入沸水烫熟后捞出沥干，盛盘；土豆洗净去皮切块；青椒、红椒、洋葱分别洗净切片；牛肉洗净切片。
2. 锅中倒油烧热，下入土豆炒熟，加入牛肉，倒入盐和咖喱调味，加青椒、红椒和洋葱炒熟。
3. 出锅倒在面条上，吃时拌匀即可。

白菜粉条牛肉拌面

材料 面条200克，白菜50克，牛肉100克，粉条100克

调料 盐3克，红椒、青椒20克，辣椒酱适量

做法

1. 将白菜洗净，切条；牛肉洗净，切片；红椒、青椒洗净，去子切条；粉条泡发。
2. 炒锅入油，放入白菜、牛肉、粉条、红椒、青椒，调入盐、辣椒酱，炒熟，盛入碗中。
3. 另起锅，烧热水，下入面条，煮熟后捞起，放入碗中，拌入炒好的牛肉即可。

韭菜辣五花肉拌面

材料 韭菜100克，五花肉100克，面条400克

调料 辣椒酱3克，红油8克，盐3克，酱油2克

做法

1. 韭菜洗净切段；五花肉洗净切碎；面条烫熟，捞出沥干盛盘。
2. 锅中倒油烧热，下入韭菜和五花肉炒匀，加盐、酱油和辣椒酱调味炒匀。
3. 倒入红油拌匀，出锅淋在面条上即可。

凉面

打卤面

材料 面条 200 克，茄子 100 克，瘦肉 20 克

调料 盐 5 克，味精 2 克，香油 20 克

做法

1. 茄子洗净切丁；瘦肉切末。
2. 面条入锅中煮熟，捞出焯凉水后，放入碗中。
3. 锅中油烧热，放入肉末炒香。
4. 加入茄丁炒熟，放入盐、味精炒匀，盛出放在面上即可。

成都凉面

材料 面条 250 克，花生米 100 克

调料 盐 3 克，辣椒酱、醋、香油各适量，白糖 5 克，葱 15 克，香菜 15 克

做法

1. 将花生米洗净，放入锅中，炒香，碾碎；葱、香菜洗净，切碎。
2. 锅中水烧热，放入面条，煮熟后捞起，冲水沥干放入盘中。
3. 待面条凉后，放入盐、辣椒酱、醋、香油、白糖，拌匀，撒上花生碎、葱、香菜即可。

鸡丝凉面

材料 鸡胸肉 200 克，面条 400 克

调料 葱、蒜各 10 克，酱油 4 克，盐 1 克，香油少许

做法

1. 鸡胸肉洗净，入沸水烫熟后捞出撕成细丝；葱、蒜分别洗净切碎；面条烫熟，沥干后盛盘。
2. 锅中倒油烧热，下入蒜末爆香，加入酱油和盐调味，出锅淋到面条上。
3. 鸡丝放到蒜末上，撒上葱花，淋上香油，吃时拌匀即可。

第5部分

百变米饭

米饭是大多数中国人每天都必不可少的食品。接下来我们精选了能够满足家庭成员需要，且适合家庭制作的多种特色风味米饭。准备过程轻松简单，利用手边的食材就可以做出美味的炒饭、汤饭、盖饭、蒸饭、包饭，是帮你快速进行料理的指南。

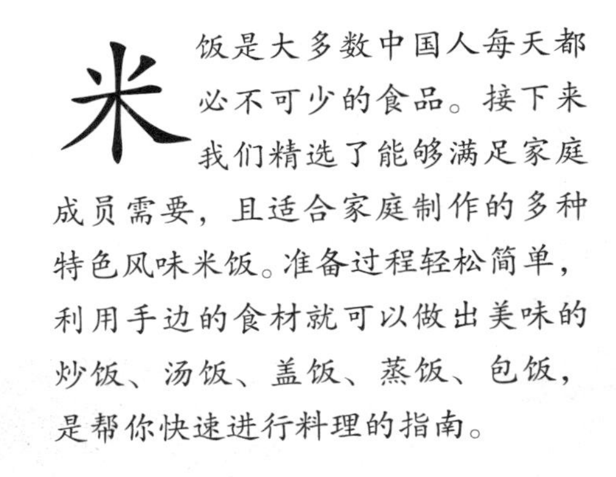

美味米饭的制作技巧

怎样做米饭才能使之更可口

我们都知道，把饭煮得好吃是需要诀窍的。不过这种看似最基本的功夫也是最不容易学会的，因为饭的味道将是最原始的，没有其他的佐料来让吃的人分心。想知道如何煮出好吃的米饭吗？下面就来告诉你。

●浸泡

刚洗好的米不宜马上下锅，可加适量水浸泡10~15分钟。因为米的结构紧密，水吸附和渗透到里层需较长时间，煮熟浸涨的米粒比没有浸涨的米粒更省时，并且浸涨的米粒内外受热均匀，煮出来的饭更香软可口。

●煮饭

煮饭不宜用冷水，沸水煮饭不但可以缩短煮饭时间，节约能源，还可较好地保存大米中的营养成分。

●焖饭

饭煮好立即食用，口感会较差，因此要将煮熟的米饭再焖一下，使水分能够均匀散布在米粒中间。如果是用电饭煲煮饭，在饭煮好后应保温10分钟再按下开关煮第二次，第二次煮好后仍不能立即打开锅盖，应该再焖5分钟，这样米饭会更可口。

吃对米饭三字诀

●尽量让米饭“淡”

一方面，尽量不要在米饭中加入油脂，以免增加额外的能量，也可避免餐后血脂升高。因此，炒饭最好要少吃，加香肠的煮饭或者用含有油脂的菜来拌饭也应当尽量避免食用。另一方面，尽量不要在米饭当中加入盐、酱油和味精，避免增加额外的盐分，否则不利于控制血压和预防心血管意外。

●尽量让米饭“乱”

在烹调米饭、米粥的时候，最好不要用单一的米，而是将米、粗粮、豆子、坚果等一起烹调。比如红豆大米饭、花生燕麦大米粥等，就是非常适合慢性病人的米食。加入这些食品材料，一方面增加了米饭中的B族维生素和矿物质，另一方面还能起到蛋白质营养互补的作用，能够在减少动物性食品摄入量的同时保障充足的营养供应。

●尽量让米“粗”

所谓“粗”，就是尽量少吃精白米饭，也要少吃糯米食品。一些营养保健价值特别高的米，如糙米、黑米、胚芽米等，都有着比较“粗”的口感。虽说“粗”有益健康，但若每天吃糙米饭，口感上会觉得不适，难以长期坚持。因此，在煮饭的时候，不妨用部分糙米、大麦、燕麦等粗粮和米饭“合作”，这样口感就会比较容易接受。最好先把“粗”原料先在水里泡一夜，以便它们在煮的时候与米同时煮熟。

炒饭

咖喱炒饭

材料 白米饭300克，猪肉50克，胡萝卜20克

调料 咖喱粉5克，盐2克，葱末5克

做法

1. 猪肉洗净切碎；胡萝卜洗净，去皮切丁。
2. 锅中倒油烧热，下入猪肉炒至变色，加入胡萝卜丁和白米饭炒匀。
3. 加咖喱粉、盐调味，出锅撒上葱末即可。

扬州炒饭

材料 白米饭300克，胡萝卜30克，火腿肠80克，白芝麻5克，洋葱10克

调料 葱、盐、鸡精各适量，红椒、青椒各30克

做法

1. 红椒、青椒、胡萝卜均洗净切丁；火腿肠去包装后切块；洋葱洗净，切块；葱洗净切末。
2. 锅中倒油烧热，下入葱和洋葱炒香，倒入青椒、红椒、胡萝卜、火腿肠炒熟。
3. 白米饭搅散，倒入锅中炒匀，最后下盐、芝麻和鸡精炒入味即可。

辣白菜炒饭

材料 辣白菜100克，鸡蛋1个，米饭100克

调料 盐3克，辣椒酱适量

做法

1. 将鸡蛋放入锅中煎成荷包蛋；辣白菜切碎。
2. 锅中油烧热，放入米饭炒香，再放入辣白菜翻炒。
3. 接着调入盐、辣椒酱，炒熟上盘，最后放上荷包蛋即可。

泡菜炒饭

材料 泡菜 50 克，米饭 1 碗

调料 盐 3 克，酱油 8 克，辣椒粉适量

做法

1 泡菜洗净沥干，切碎备用。2 锅中加油烧热，下入泡菜炒香后，再倒入米饭炒散。3 最后加入辣椒粉、酱油和盐一起炒匀，出锅即可。

玉米腊肠炒饭

材料 米饭 1 碗，玉米粒 50 克，腊肠 70 克，鸡蛋 2 个，芹菜 30 克

调料 盐少许，酱油适量

做法

1 腊肠、芹菜分别洗净，切成粒；玉米粒洗净备用；鸡蛋打散，加少量盐搅匀。2 锅中加油烧热，下入腊肠、芹菜、玉米粒炒熟，再加入鸡蛋炒散。3 最后加入米饭，一起炒均匀，再加盐、酱油调味即可。

湘味蛋炒饭

材料 米饭 1 碗，香菇 50 克，干贝 60 克，鸡蛋 2 个

调料 盐 3 克，辣椒 8 克，葱 5 克

做法

1 香菇、辣椒分别洗净，切成粒；干贝泡发，洗净备用；鸡蛋加盐打散；葱洗净，切圈。2 锅中加油烧热，下入鸡蛋炒散，加入香菇、干贝、辣椒一起炒香。3 最后倒入米饭，炒至米饭干爽，再加盐和葱花调味即可。

腊肉双丁炒饭

材料 腊肉、黄瓜、黄椒、米饭各 100 克

调料 盐 3 克，酱油适量

做法

1 将腊肉、黄瓜、黄椒洗净，切丁。2 锅中油烧热，放入已煮好的米饭炒香，再放入腊肉、黄瓜、黄椒。3 最后调入盐、酱油，炒熟即可。

汤饭

海鲜汤饭

材料 鲜鱿鱼150克，虾100克，西蓝花150克，蟹柳100克，水发海参100克，米饭1碗

调料 盐4克，胡椒粉3克

做法

①将鲜鱿鱼、西蓝花、蟹柳、水发海参洗净，切块；虾去壳，去肠泥，取虾仁，洗净。②锅中水烧热，放入鱿鱼、虾仁、蟹柳、海参汆烫捞起；烧热水，放入鱿鱼、虾仁、西蓝花、蟹柳、海参，煮熟。③放入盐、油、胡椒粉，淋在煮好的米饭上。

红烧肉汤饭

材料 五花肉350克，米饭300克，油菜200克

调料 糖10克，葱花3克，姜片8克，酱油5克，盐3克，八角5克，香叶2克

做法

①五花肉洗净切方块，汆水捞出；油菜洗净焯水捞出。②锅中倒油烧热，放入糖炒成糖色，倒入肉块，加水，加入酱油、盐、葱、姜、八角、香叶调味，焖熟待用。③锅倒水烧热，放入米饭、油菜、红烧肉煮至饭软，调入盐煮至入味即可。

牛肉汤饭

材料 牛肉350克，油菜200克，米饭300克

调料 料酒3克，辣椒油10克，酱油5克，胡椒粉3克，高汤200克，香油5克

做法

①牛肉洗净，切成小块，加入料酒拌好，腌制30分钟左右；油菜洗净，入沸水焯烫。②锅中倒入辣椒油烧热，放入牛肉，加入酱油、胡椒粉炒至九成熟，然后倒入高汤，大火煮至熟。③放入米饭煮软，最后放入油菜，略煮片刻，起锅淋上香油即可。

蒸饭

金瓜八宝饭

材料 金瓜1个，糯米80克，红枣50克，葡萄干、腰果各10克

调料 白糖10克

做法

1. 金瓜洗净，切开顶部，将内瓤掏空备用；糯米洗净，泡发；红枣、葡萄干、腰果分别洗净。
2. 将糯米、红枣、葡萄干和腰果一起装入金瓜内，再加入白糖和适量水拌匀。
3. 将金瓜放入锅中，隔水大火蒸30分钟，至熟即可。

水果糯米饭

材料 糯米80克，红腰豆、菠萝、圣女果、西瓜、苦瓜、红枣各适量

调料 白糖适量

做法

1. 糯米洗净备用；红腰豆、红枣均泡发，洗净；菠萝、圣女果、西瓜、苦瓜洗净，切块。
2. 将糯米与所有材料、调味料一起拌匀，装入容器中，压紧实。
3. 放入蒸锅，蒸35分钟，至熟透即可。

拌饭

鳗鱼拌饭

材料 白米饭400克，鳗鱼200克，鸡蛋、紫包菜、黄瓜、胡萝卜各50克

调料 糖、蒜末各2克，米酒、酱油、盐、蜂蜜各适量

做法

1. 将鳗鱼洗净切块，加糖、酱油及少许米酒浸泡入味，放入烤箱以大火烤约5分钟，烤好后抹上蜂蜜和蒜末。
2. 鸡蛋加盐打散，煎好；胡萝卜、黄瓜分别洗净，去皮切丝；紫包菜洗净切丝。
3. 将鳗鱼、鸡蛋、紫包菜、黄瓜和胡萝卜分别安放在米饭周围即可。

海鲜烩饭

材料 米饭2碗，海参、虾仁、胡萝卜、丝瓜、鸡蛋各适量

调料 盐、酱油、蚝油、淀粉各适量

做法

1. 海参、胡萝卜、丝瓜均洗净，切成粒；虾仁洗净，备用；鸡蛋加少许盐打散。
2. 锅中加油烧热，下入备好的材料炒熟，再加盐、酱油、蚝油调味，以淀粉勾芡。
3. 出锅浇淋在米饭上即可。

盖饭

豆豉排骨煲仔饭

材料 大米 100 克，排骨 200 克，西蓝花 80 克

调料 豆豉 20 克，盐 3 克，剁椒 5 克，葱花 3 克，酱油 5 克，排骨粉 10 克

做法

1. 大米洗净备用；排骨洗净，剁成块，加盐、酱油、排骨粉腌渍入味；西蓝花洗净，掰成小朵，焯熟备用。
2. 沙锅加水、大米，大火烧开后改小火慢熬。
3. 待饭熟后，放入排骨、豆豉、剁椒煲熟，放上西蓝花，再煲 1 分钟，撒上葱花即可。

腊味煲仔饭

材料 大米 100 克，腊肠、腊肉各 50 克，芥蓝 30 克

调料 盐少许

做法

1. 大米淘洗干净，浸泡备用；腊肠、腊肉分别洗净，切片；芥蓝取梗洗净，切段，下入盐水中焯熟备用。
2. 大米放入沙锅中，加适量水，大火烧开后，再改小火慢慢熬。
3. 待熟后，放上腊肠、腊肉，再淋上少许油，盖上盖，煮至熟，再配上芥蓝即可。

潮州海鲜盖饭

材料 海参100克，干贝50克，鲜鱿鱼100克，虾100克，鸡蛋50克，米饭1碗

调料 盐4克，葱花10克，红椒粒15克

做法 ①将海参、干贝、鲜鱿鱼洗净，切丁；虾洗净剥壳，去肠泥取虾仁。②锅中油烧热，放入米饭、鸡蛋、盐，炒熟盛盘。③油锅烧热，下入海参、干贝、鲜鱿鱼、虾仁、红椒、盐，炒熟盖于蛋炒饭上，撒上葱花即可。

牛肉蔬菜盖饭

材料 牛肉300克，米饭300克，香菇200克，洋葱70克，青椒、红椒各20克

调料 豆豉10克，料酒5克，盐3克，淀粉适量

做法 ①牛肉洗净，切丝，用料酒、淀粉拌匀，腌渍入味；香菇洗净切块；青椒、红椒、洋葱洗净，切成丝；米饭蒸熟，装盘。②锅中倒油烧热，倒入牛肉炒至变色，放入香菇、豆豉、青红椒、洋葱，翻炒均匀。③待熟后调味，用水淀粉勾芡，浇在米饭上。

鳗鱼盖饭

材料 白米饭400克，鳗鱼200克，黄瓜50克

调料 糖2克，酱油3克，米酒少许，蜂蜜2克，白芝麻2克

做法 ①将鳗鱼洗净切块，加糖、酱油及少许米酒浸泡入味，送入烤箱以大火烤约5分钟，烤好后抹上蜂蜜和白芝麻。②黄瓜洗净，去皮后切丝。③将鳗鱼放在米饭上，摆上黄瓜丝即可。

回锅肉盖饭

材料 猪肉150克，洋葱50克，米饭1碗

调料 辣椒30克，豆瓣酱10克，盐3克，酱油5克

做法 ①将猪肉洗净，下入锅中氽烫至六成熟时，捞出切片；洋葱、辣椒洗净，均切块。②锅中加油烧热，下入豆瓣酱炒香，再下入猪肉炒至吐油。③加入辣椒、洋葱炒熟，以盐和酱油调味，出锅盖在米饭上即可。

包饭

蛋包饭

材料 大米80克，卤牛肉50克，胡萝卜、黄瓜各30克，鸡蛋2个

调料 番茄酱20克，盐少许

做法

1. 将大米洗净，浸泡备用；胡萝卜、黄瓜均洗净，切成粒备用；卤牛肉也切成粒。
2. 将大米和盐放入电饭锅，再加水，煮至开关跳起，再加入牛肉、胡萝卜、黄瓜煮熟。
3. 鸡蛋打散，下入煎锅煎成蛋皮，取出摊平，盛上米饭，再将蛋皮包起，淋上番茄酱。

紫菜包饭

材料 寿司饭适量，熟芝麻5克，卤牛肉、黄瓜、胡萝卜、火腿各适量，烤紫菜1张

调料 寿司醋少许

做法

1. 将卤牛肉、黄瓜、胡萝卜、火腿均洗净，切粒备用。
2. 寿司饭盛出待凉，加入寿司醋，再撒上熟芝麻一起拌匀。
3. 将紫菜平铺，再铺上一层寿司饭，最上面放上牛肉、黄瓜、胡萝卜、火腿，卷紧，压实，再切开即可。

第6部分

养生香粥

粥在我国已有近3000年的历史，不论古今，喝粥都被认为是一种健康的饮食方式。简单的一碗粥，可以衍生出上百种花样，冷、热、酸、甜、苦、辣、咸……个中滋味如人生百味。相对于快节奏的洋快餐，这种于简单中显深刻的饮食体现着我们亘古不变的情怀。

关于粥的讲究

喝粥好处多

粥配上不同的原料具有清肺、和胃、补脾、利便、排毒、瘦身、养颜、益寿等功效。喝粥能健胃整肠，帮助消化，特别是生病和大病初愈时食欲不振，喝些养生粥或清粥配开味小菜，能够补充营养，增加体力。

●容易消化

大米熬煮温度超过60℃就会产生糊化作用，熬煮软熟的粥入口即化，下肚后非常容易消化，很适合肠胃不适的人食用。

●增强食欲、补充体力

生病时食欲不振，清粥若搭配一些色泽鲜艳又开胃的食物，例如梅干、甜姜、小菜等，既能促进食欲，又能为虚弱的病人补充体力。

●防止便秘

现代人饮食精致，又缺乏运动，多有便秘症状。粥含有大量的水分，平日多喝粥，除能果腹充饥之外，还能为身体补充水分，有效防止便秘。

●预防感冒

天冷时，清早起床喝一碗热粥，既可以帮助保暖，增加身体御寒能力，又能预防受寒患感冒。

●延年益寿

五谷杂粮熬煮成粥，含有丰富的营养素和膳食纤维，对于年长、牙齿松动的人或病人而言，多喝粥可防小病，粥更是保健养生的最佳良方。

熬粥有讲究

粥不仅营养丰富，而且一碗粥下肚人会觉得机体脏器清新、通体舒畅。因此很多人喜欢喝粥，也

有很多人享受着熬粥的乐趣。在这里提醒你熬粥时应注意以下事项：

●米要先泡水

淘净米后别忘了再浸泡30分钟，使米粒充分吸收水分，这样才会熬煮出又软又稠的粥。像绿豆、红豆、糯米、薏米、玉米等材料更不易煮熟，浸泡的时间要延长为6～8小时，这样才会容易煮烂，促进消化吸收。

●淘米不要搓

淘米时不要用手搓。谷类外层的营养比内层要多，例如B族维生素和矿物质大多在外层薄膜上，淘米时用手搓会损失大量的营养物质。一般情况下，先将沙粒等杂质挑出来，再用淘米的盆淘洗两遍就可以了。

●冷水下米煮粥最好

煮粥时要将米粒与冷水一起入锅煮沸，让米粒充分吸收水分，煮出来的粥才会比较香软。否则米粒会较硬，煮出的粥不稠。

●水要加得适量

要将粥煮得浓稠适宜，最重要的是掌握好水量。依据个人喜好，可将粥煮成全粥、稠粥及稀粥等。大米与水的比例分别为：全粥＝大米1杯＋水8杯；稠粥＝大米1杯＋水10杯；稀粥＝大米1杯＋水13杯。

蔬菜粥

蔬菜粥

材料 大米300克，青菜、南瓜、胡萝卜各50克，枸杞3克

调料 盐3克

做法

1 大米淘好洗净，浸泡后沥干；青菜洗净，切丝；胡萝卜洗净，去皮切丝；南瓜洗净，去皮切片；枸杞洗净沥干。

2 大米倒入锅中，加适量水大火煮沸，转小火熬成粥。

3 倒入青菜、南瓜、胡萝卜和枸杞煮熟，下盐调好味即可。

芥菜粥

材料 芥菜100克，大米适量

调料 盐3克

做法

1 将芥菜洗净，取菜叶切成细丝；大米洗净，浸泡半小时待用。

2 将大米放入锅中，加适量水，熬至成粥。

3 放入芥菜叶，待芥菜叶熟，加盐调味即可出锅。

干果杂粮粥

桂圆百合粥

材料 桂圆 50 克，百合 50 克，枸杞 30 克，大米 50 克

调料 糖 4 克

做法

1. 将桂圆、百合、枸杞、大米洗净。
2. 将大米放入锅中，倒入适量清水，待水煮开。
3. 再放入桂圆、百合、枸杞，煮熟，最后下入糖调味即可。

百合粥

材料 大米 300 克，百合 50 克

调料 糖 5 克

做法

1. 大米洗净，浸泡约 1 个小时后捞出沥干；百合洗净沥干。
2. 锅中注水，下入大米和百合，大火煮开。
3. 转小火熬约 2 小时，至米软烂加糖调味。

八宝粥

材料 大米、糯米各 80 克，黑米、小米各 50 克，花生、去心莲子各 5 克，红枣 30 克，枸杞 3 克

调料 冰糖 5 克

做法

1. 大米、糯米、黑米、小米分别洗净，浸泡约半天，捞出沥干；花生、莲子、红枣、枸杞分别洗净沥干。
2. 所有材料加入适量水和冰糖，放入锅中，大火烧开。
3. 再转小火熬煮，至粥软烂黏稠即可。

水果粥

水果冰粥

材料 粳米200克，菠萝200克，火龙果100克

调料 糖6克

做法

1. 菠萝、火龙果去皮，洗净，切成丁；粳米洗净，备用。
2. 锅倒水，放入粳米烧开，熬煮半小时后，放入菠萝丁、火龙果丁，继续煮10分钟至粥熟。
3. 倒入糖，稍焖片刻，盛起晾凉后，放入冰箱冻凉后食用。

红薯西瓜粥

材料 红薯250克，西瓜150克，菠萝100克，大米50克，红樱桃、绿樱桃各20克

调料 糖3克

做法

1. 将红薯去皮，洗净，切丁；西瓜、菠萝去皮，切丁；大米洗净；红、绿樱桃洗净，一切为四。
2. 将大米放入锅中，倒入适量清水，水沸腾后，放入红薯、西瓜、菠萝、红樱桃、绿樱桃，熬成粥。
3. 最后调入糖，拌匀即可。

西瓜粥

材料 西瓜肉50克，大米200克，红、绿樱桃各5克

调料 糖3克

做法

1. 西瓜肉切块；红、绿樱桃分别洗净切薄片；大米洗净，浸泡后沥干。
2. 大米加水，入锅大火煮开，转小火熬成粥。
3. 加入西瓜、樱桃拌匀，加糖调味即可。

肉粥

莴笋肉丝粥

材料 莴笋150克，瘦肉150克，大米50克

调料 盐3克，淀粉、酱油各适量，葱20克

做法

1. 将莴笋、瘦肉洗净，切丝；大米泡发，洗净；葱洗净，切碎；将肉丝用淀粉、酱油、盐腌渍入味。
2. 将大米放入汤锅中，放入清水，熬成粥。
3. 再放入莴笋、瘦肉，煮熟，最后调入盐，撒上葱花即可。

咸蛋鸡肉丝粥

材料 大米300克，鸡肉30克，咸蛋黄、胡萝卜各50克

调料 葱3克，盐2克

做法

1. 大米洗净浸泡后沥干；鸡肉煮熟后撕成丝；胡萝卜洗净，去皮切片；葱洗净切末；咸蛋黄碾碎。
2. 大米加适量水放入锅中，煮开后转小火熬成粥。
3. 加入胡萝卜煮熟，加盐调味，加入咸蛋黄和鸡丝，撒上葱末即可。

菊花鱼片粥

材料 大米300克，干菊花5克，鱼肉50克，枸杞3克

调料 盐4克

做法

1. 大米淘洗干净，浸泡后捞出沥干；菊花泡软；枸杞洗净沥干；鱼肉洗净切片。
2. 锅中倒水烧开，下入大米煮熟，转小火熬成粥。
3. 下入枸杞、菊花和鱼片，煮熟后加盐调味即可。

第7部分

清爽凉菜

没有油烟，不用热汗淋漓，三两下就可以搞定，用最简单的方法、最快的速度、最简单的原料，突出最纯粹的本味——这就是凉拌菜。凉拌菜简单易做，可以开胃消食、减肥养颜又美容。现今，除了各大菜系、各家小菜，凉拌菜也荣登大雅之堂。山珍海味不费烹调之工，只要烫烫切切拌拌，淋上特制调味料，就是一桌好菜。

凉菜拌制小窍门

凉菜的常见制法与调味料

凉菜，夏日消暑，冬日开胃，是四季都受欢迎的人气菜肴。凉菜不但方便料理，且制作方法多样、简便、快捷。在制作凉菜时调味料是非常讲究的，一般以甜咸为底味，辅以香辣对凉菜进行调味，味道极其醇厚。

●凉菜的常见制作方法

以下是非常实用的凉菜的常见制作方法及几种调味料的做法。

拌

把生原料或凉的熟原料切成丁、丝、条、片等形状后，加入各种调味料拌匀。拌制凉菜具有清爽鲜脆的特点。

炝

先把生原料切成丝、片、丁、块、条等，用沸水稍烫一下，或用油稍滑一下，然后控去水分或油，加入以花椒油为主的调味品，最后进行掺拌。炝制凉菜具有鲜香味醇的特点。

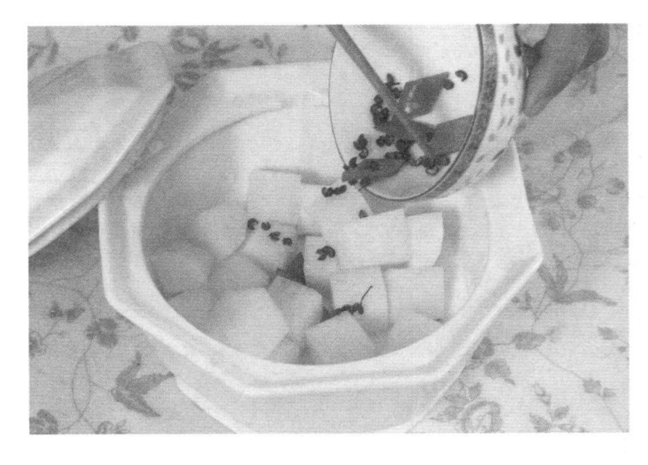

腌

腌是用调味料将主料浸泡入味的方法。腌渍凉菜不同于腌咸菜，咸菜是以盐为主，腌渍的方法也比较简单，而腌渍凉菜要用多种调味料。腌渍凉菜口感爽脆。

酱

将原料先用盐或酱油腌渍，放入用油、糖、料酒、香料等调制的酱汤中，用旺火烧开后撇去浮沫，再用小火煮熟，然后用微火熬浓汤汁，涂在原料的表面上。酱制凉菜具有香味浓郁的特点。

卤

将原料放入调制好的卤汁中，用小火慢慢浸煮卤透，让卤汁的味道慢慢渗入原料里。卤制凉菜具有味醇酥烂的特点。

酥

酥制凉菜是将原料放在以醋、糖为主要调料的汤汁中，经小火长时间煨焖，使主料酥烂。

水晶

水晶也叫冻，它的制法是将原料放入盛有汤和调味料的器皿中，上屉蒸烂或放锅里慢慢炖烂，然后使其自然冷却或放入冰箱中冷却。水晶凉菜具有清澈晶亮、软韧鲜香的特点。

●凉菜调味料

葱油、辣椒油（红油）、花椒油，这可是做好凉菜的终极法宝！想知道在家怎么用它们做出最正宗的凉拌菜吗？接下来就为你揭秘。

葱油

家里做菜，总有剩下的葱根、葱的老皮和葱叶，这些原来你丢进垃圾筒的东西，原来竟是大厨们的宝贝。把它们洗净了，记住一定要晾干水分，与食用油一起放进锅里，稍泡一会儿，再开最小火，让它们慢慢熬煮，不待油开就关掉火，晾凉后捞去葱，余下的就是香喷喷的葱油了！

辣椒油（红油）

辣椒油跟葱油炼法一样，但是如果你老是把干辣椒炼糊，那么从现在起你可以采用一个更简单的办法：把干红椒切段装进小碗，将油烧热立马倒进辣椒里瞬间逼出辣味。在制辣椒油的时候放一些蒜，会得到味道更有层次的红油。

花椒油

花椒油有很多种做法，家庭制法中最简单的是把锅烧热后下入花椒，炒出香味，然后倒进油，在油面出现青烟前关火，用油的余温继续加热，这样炸出的花椒油不但香，且花椒不易糊。花椒有红、绿两种，用红色花椒炸出的味道偏香一些，而用绿色的会偏麻一些。还可以把花椒炒熟碾成末，然后加水煮，分化出的花椒油是很上乘的花椒油。

美味凉菜怎样拌

低油少盐、清凉爽口的凉拌菜，绝对是消暑开胃的最佳选择，但如何才能做出爽口开胃的凉拌菜呢？下面这些诀窍会让你用最短的时间、最快的方式拌出一手美味佳肴。

●选购新鲜材料

凉拌菜由于多数生食或略烫，因此首选新鲜材料，尤其要挑选当季盛产的材料，不仅材料便宜，滋味也较好。

●事先充分洗净

在制作凉拌菜前要剪去指甲，并用肥皂搓洗手2～3次。制作前必须充分洗净蔬菜，最好放入淘米水中泡20～30分钟，可消除残留在蔬菜表面的农药。食用瓜果类洗净后可放到1‰～3‰的高锰酸钾水中浸泡30分钟；叶菜类要用开水烫后再食用。菜叶根部或菜叶中可能有砂石、虫卵，要仔细冲洗干净。

●完全沥干水分

材料洗净或焯烫过后，务必完全沥干，否则拌入的调味酱汁味道会被稀释，导致风味不足。

●食材切法一致

所有材料最好都切成一口可以吃进的大小，而有些新鲜蔬菜用手撕成小片，口感会比用刀切还好。

●先用盐腌一下

例如小黄瓜、胡萝卜等要先用盐腌一下，再挤

出适量水分，或用清水冲去盐分，沥干后再加入其他材料一起拌匀，不仅口感较好，调味也会较均匀。

●酱汁要先调和

各种调味料要先用小碗调匀，最好能放入冰箱冷藏，待上桌时再和菜肴一起拌匀。

●冷藏盛菜器皿

盛装凉拌菜的盘子如能预先冰过，冰凉的盘子装上冰凉的菜肴，可以增加凉拌菜的口感。

●适时淋上酱汁

不要过早加入调味酱汁，因多数蔬菜遇咸都会释放水分，冲淡调味，因此最好准备上桌时再淋上酱汁调拌。

●要用手勺翻拌

凉拌菜要使用专用的手勺或手铲翻拌，禁止用手直接搅拌。

●餐具要严格消毒

制作凉拌菜所用的厨具要严格消毒，菜刀、菜板、擦布要生熟分开，不得混用。夏季气温较高，微生物繁殖特别快，因此，制作凉拌菜所用的器具如菜刀、菜板和容器等均应消毒，使用前应用开水烫洗。不能用切生肉和切其他未经烫洗过的刀来切凉拌菜，否则，前面的清洗、消毒工作等于白做。

●调味品要加热

凉拌菜用的调味品、酱油、色拉油、花生油要经过加热。

●火候要到位

凉拌菜有生拌、辣拌和熟拌之分。对原料进行加工时要注意火候，如蔬菜焯到半成熟时即可，卤酱和煮白肉时，要用微火，慢慢煮烂，做到鲜香嫩烂才能入味。一般生鲜蔬菜适合生拌，肉类适宜熟拌，辣拌则根据不同口味需要具体处理。

炝拌菜

水晶黄瓜

材料 黄瓜100克

调料 盐3克，味精5克，醋8克，生抽10克

做法

1. 黄瓜洗净，切成薄片，放入加了盐、醋的清水中腌一下，捞出沥干装盘。
2. 盐、味精、醋、生抽调成味汁。
3. 将味汁淋在黄瓜上即可。

杏仁拌苦瓜

材料 杏仁50克，苦瓜250克，枸杞5克

调料 香油10克，盐3克，鸡精5克

做法

1. 苦瓜洗净，剖开，去掉瓜瓤，切成薄片，放入沸水中焯至断生，捞出，沥干水分，放入碗中。
2. 杏仁用温水泡一下，撕去外皮，掰成两瓣，放入开水中烫熟；枸杞洗净、泡发。
3. 将香油、盐、鸡精与苦瓜搅拌均匀，撒上杏仁、枸杞即可。

芥味莴笋丝

材料 红椒5克，芥末粉15克，莴笋200克

调料 盐3克，醋、香油、生抽各8克

做法

1. 将莴笋去叶、皮、洗净，切丝，放入开水中焯熟；红椒洗净，切丝。
2. 将芥末粉加盐、醋、香油、生抽和温开水，搅匀成糊状，待飘出香味时，淋在莴笋上。
3. 撒上红椒即可。

炝椒辣白菜

材料 红辣椒 200 克，白菜梗 150 克

调料 盐 3 克，味精 2 克，生抽 8 克，香油适量

做法 ①白菜梗洗净，切条；红辣椒洗净备用。②将备好的原材料放入开水稍烫，捞出，沥干水分，放入容器中。③盐、味精、生抽放在红辣椒和白菜梗上，香油烧开，与菜料搅拌均匀，装盘即可。

凉拌包菜

材料 包菜 700 克

调料 甜椒 50 克，青椒 25 克，盐 4 克，味精 2 克，酱油 8 克，醋 5 克，香油适量，姜末 15 克

做法 ①包菜整个洗净，切成4份；青椒洗净，切末；红椒洗净，一部分切末，一部切丝备用。②将备好的原材料放入开水中稍烫，捞出，沥干水，装盘。③将姜末、盐、味精、酱油、醋、凉开水调成味汁，淋在包菜上，浇上香油即可。

手撕圆包菜

材料 包菜 250 克

调料 盐、味精、冰糖粉、白醋、酱油各适量

做法 ①包菜洗净，一层层地剥开，放入开水中焯一下，捞起，晾干水分。②在罐中铺一层包菜，上面放一层冰糖粉，再放上一层包菜，最后用白醋将包菜浸没，盖紧盖子，放入冰箱，3天后拿出。③盐、味精、酱油调匀，淋在包菜上即可。

菠菜花生米

材料 菠菜 200 克，红豆、杏仁、玉米粒、豌豆、核桃仁、枸杞、花生米各 50 克

调料 盐 2 克，醋 8 克，生抽 10 克，香油 15 克

做法 ①菠菜洗净，用沸水焯熟；红豆、杏仁、玉米粒、豌豆、枸杞、花生米洗净，用沸水焯熟待用；核桃仁洗净。②将菠菜放入盘中，再加入红豆、杏仁、玉米粒、豌豆、枸杞、花生米、核桃仁。③盘中加入盐、醋、生抽、香油，拌匀即可。

清爽萝卜

材料 白萝卜400克，泡青椒2个，泡红椒50克

调料 盐、味精各3克，醋、香油各适量

做法

1. 白萝卜去皮，洗净，切片。
2. 将泡青椒、泡红椒、醋、香油、盐、味精加适量水调匀成味汁。
3. 将白萝卜置味汁中浸泡1天，摆盘即可。

水晶萝卜

材料 白萝卜150克

调料 盐5克，醋3克，味精4克，生抽适量

做法

1. 萝卜洗净，去皮，切成段。
2. 盐、醋、味精加清水调匀，放入萝卜腌渍3个小时，捞出，盛盘。
3. 将生抽淋在萝卜上即可。

加点白糖腌渍，味道更佳。

冰镇三蔬

材料 黄瓜、胡萝卜、西蓝花各150克，冰块800克

调料 盐3克，味精2克，酱油10克

做法

1. 黄瓜洗净，去皮，切薄长片；胡萝卜洗净，切薄长片；西蓝花洗净备用。
2. 西蓝花放入开水中，稍烫，捞出，沥干水；盐、味精、酱油、凉开水调成味汁装碟。
3. 将备好的材料放入装有冰块的冰盘中冰镇，食用时蘸味汁即可。

五彩豆腐丝

材料 豆腐丝 400 克，黄瓜 80 克，白菜梗、西红柿各 50 克，香菜 5 克

调料 盐、味精、白糖、生抽、芝麻油各适量

做法 ①豆腐丝洗净，切段；黄瓜洗净，切丝；白菜梗洗净，切丝；西红柿洗净，切丝；香菜洗净备用；将所有原材料放入水中焯熟。②加盐、味精、白糖、生抽、芝麻油搅拌均匀，装盘即可。

大拌菜

材料 黄椒、紫包菜、花生米、樱桃萝卜、黄瓜、大白菜各 100 克

调料 盐、白醋、白糖、芥末油、香油各适量

做法 ①黄椒去蒂洗净，切圈；紫包菜洗净，切片；樱桃萝卜洗净，切块；大白菜洗净，撕片；黄瓜洗净，切片。②锅下油烧热，下花生米炒熟，盛出晾凉；将所有材料放在一起，加盐、白醋、白糖、芥末油、香油拌匀装盘即可。

拌五色时蔬

材料 胡萝卜 150 克，心里美萝卜 200 克，黄瓜 150 克，凉皮 200 克，香菜少许

调料 盐 3 克、味精 3 克、香油 10 克

做法 ①胡萝卜洗净，切丝；心里美萝卜去皮洗净，切丝；黄瓜洗净，切丝；香菜洗净；将所有原材料放入水中焯熟。②把调味料调匀，与原材料一起装盘拌匀即可。

馅酷大拌菜

材料 黄瓜、粉丝、胡萝卜、豆皮、紫甘蓝各 200 克

调料 盐 3 克，鸡精 2 克

做法 ①黄瓜、豆皮、紫甘蓝洗净，切丝；粉丝泡软，洗净；胡萝卜去皮，洗净切丝。②锅中倒入水，烧沸，加入盐、鸡精、粉丝、豆皮丝、胡萝卜丝、紫甘蓝丝焯烫至熟后，捞出。③将烫过的豆皮丝、胡萝卜丝、紫甘蓝丝与黄瓜丝、粉丝拌匀即可。

拌金针菇

材料 金针菇100克，黄瓜65克，黄花菜50克

调料 葱15克，生抽、醋各6克，香油5克，糖、辣椒油各10克

做法 ①金针菇、黄花菜洗净焯水后沥干盛盘，黄瓜洗净切丝；葱洗净切段。②将切好的黄瓜丝装入盛有金针菇的盘中。③再加入生抽、醋、糖拌匀，淋上辣椒油、香油一起拌至入味即可。

金针菇拌海藻

材料 金针菇150克，干黄花菜、海藻、黄瓜各100克

调料 盐3克，醋、芝麻油各适量，红椒15克

做法 ①将干黄花菜洗净，浸泡至软；金针菇、海藻洗净；黄瓜、红椒洗净，切丝。②锅中烧热水，放入所有原料焯烫至熟，捞起，放入盘中。③调入芝麻油、盐、醋，放入红椒丝，拌匀，即可食用。

醋泡黑木耳

材料 黑木耳300克

调料 盐3克，味精1克，醋50克，红尖椒6克

做法 ①黑木耳洗净泡发，入开水中烫熟捞出沥干；红尖椒洗净切碎。②将盐、味精、醋、红尖椒调成味汁。③将调好的味汁淋在黑木耳上拌匀，浸泡半小时即可。

豆皮拌黄瓜

材料 豆皮100克，黄瓜80克

调料 葱5克，辣椒油10克，盐3克，糖5克，醋6克，味精1克

做法 ①豆皮洗净，焯水后切丝装盘；黄瓜洗净，也切成细丝；葱洗净切段。②将豆皮丝与黄瓜丝一起装盘，淋入辣椒油拌匀。③再加入葱段、盐、味精、糖、醋一起拌至入味即可。

炝拌腰片

材料 猪腰400克，黄瓜80克

调料 盐4克，味精2克，胡椒粉、酱油、熟芝麻、葱花、料酒、干辣椒段各适量

做法 ①猪腰洗净，剖开，除去腰臊，再切成片；黄瓜洗净，切成片。②将猪腰用料酒腌渍片刻，倒入开水锅中氽熟，捞出装盘。③油锅烧热，下入干辣椒段，加入所有调味料，淋在腰片上拌匀，装盘；黄瓜围边，撒上葱花和熟芝麻即可。

金针菇猪肚

材料 金针菇、干黄花菜、芹菜梗各100克，猪肚200克

调料 盐3克，醋、香油各适量

做法 ①将金针菇洗净；干黄花菜洗净，浸泡片刻；猪肚洗净，切丝；芹菜梗洗净，切段。②锅中烧热水，放入所有原料，焯烫至熟，捞起，放入盘中。③最后调入盐、醋、香油，拌匀即可。

风味麻辣牛肉

材料 熟牛肉250克，红辣椒30克，香菜20克，熟芝麻10克

调料 香油15克，辣椒油10克，酱油30克，味精1克，花椒粉2克，葱15克

做法 ①熟牛肉切片；香菜、葱洗净，切段；红辣椒洗净切粒。②将味精、酱油、辣椒油、花椒粉、香油调匀，成为调味汁。③牛肉摆盘，浇调味汁，撒熟芝麻、辣椒粒、香菜、葱段，吃时拌匀即可。

特色手撕牛肉

材料 牛肉500克，香菜30克，青椒、红椒各30克

调料 香油10克，红油10克，盐3克，味精3克

做法 ①牛肉洗净，放开水中氽熟，捞起沥干水，晾凉后用手撕成细丝。②香菜洗净切碎，青椒、红椒分别洗净切丝。③把调味料拌匀，再放牛肉丝、香菜、椒丝一起拌匀，装盘即可。

红油牛百叶

材料 牛百叶250克，红椒少许

调料 红油、生抽、香油各10克，盐、味精各3克、醋适量

做法

1. 牛百叶治净，入开水中烫熟，切成片，装盘；红椒洗净，切片。
2. 盐、生抽、醋、味精、香油调成味汁。
3. 将味汁淋在牛百叶上，拌匀，撒上红椒，食用时按个人口味淋入红油拌匀即可。

凉拌牛肚

材料 牛肚450克，香菜段100克

调料 青椒、红椒各20克，冰糖6克，辣椒油、酱油、香油各5克，料酒、盐各3克

做法

1. 牛肚洗净，氽水后沥干，切成块。
2. 锅倒水烧热，加料酒、冰糖、牛肚，卤煮2小时，再浸泡3小时，捞出盛盘。
3. 盘中放入青红椒块、香菜段，再倒入辣椒油、酱油、盐、香油拌匀即可。

家乡辣牛肚

材料 牛肚、牛肉、猪舌、去皮熟花生、熟白芝麻各适量

调料 辣椒粉、八角、桂皮、花椒、蒜、姜、香菜各适量

做法

1. 牛肚、牛肉、猪舌分别洗净，入锅煮熟后切成薄片；蒜、姜洗净切小块；香菜洗净，切段。
2. 锅中倒油烧热，倒入桂皮、八角、花椒、蒜、姜爆香后捞出香料，将油倒入辣椒粉中，再倒入牛肚、牛肉、猪舌拌至入味后装盘。
3. 放入花生粒，撒上熟白芝麻、香菜即可。

水晶羊头肉

材料 羊头肉、红腰豆、豌豆、胡萝卜丁、白果各适量

调料 胡椒粉、盐各 3 克，姜末 10 克，料酒、酱油、醋、芝麻油各 5 克，橘皮 10 克

做法

1. 羊头肉洗净，切片，开水汆烫后捞出。
2. 锅中加水、羊头肉、红腰豆、豌豆、白果、胡萝卜丁、橘皮烧开，加入料酒、盐煮熟。
3. 将姜末、酱油、醋、胡椒粉、盐、芝麻油、水调成味汁。
4. 做完放入冰箱冻好取出，蘸味汁食用即可。

鱼皮萝卜丝

材料 鱼皮、心里美萝卜各 300 克

调料 青椒 100 克，香油、芥末油各 5 克，料酒 3 克，胡椒粉 2 克，盐 3 克，味精 1 克

做法

1. 鱼皮洗净，切丝，用温水泡开；心里美萝卜洗净，切丝；青椒洗净，切丝，入开水焯烫后捞出。
2. 将鱼皮丝、心里美萝卜、青椒丝装盘。
3. 加入香油、芥末油、料酒、胡椒粉、盐、味精拌匀即可。

干拌羊杂

材料 羊肉、羊肚、羊心各 200 克，香菜 20 克

调料 盐 3 克，醋 5 克，酱油 3 克，葱 3 克，姜 5 克，花椒 5 克，八角 3 克

做法

1. 羊肚、羊肉、羊心洗净，汆水后捞出；香菜洗净切段；葱、姜洗净切碎。
2. 锅加水烧热，放入羊肚、羊肉、羊心、葱、姜、花椒、八角、盐，煮至羊杂软烂捞出切片。
3. 羊杂装盘，加入盐，醋、酱油拌匀，撒上香菜即可。

鸡丝凉皮

材料 熟鸡脯肉、凉皮、黄瓜、芝麻各适量

调料 精盐、味精、香油、红油各适量

做法

①凉皮放进沸水中焯熟，捞起控干水，装盘晾凉；黄瓜洗净切成丝；将鸡脯肉撕成细丝，与黄瓜丝、凉皮一起装盘。②将香油、红油、芝麻、盐、味精调匀，浇在凉皮上即可。

葱蒜拌羊肚

材料 羊肚300克，葱、蒜各适量

调料 盐2克，醋8克，味精1克，红油少许

做法

①羊肚洗净，切成丝；葱、蒜洗净，切成丝备用。②锅内注水，烧开后，将羊肚丝放入开水中汆一下，捞出晾干装盘。③加入盐、醋、味精、红油、葱、蒜后，搅拌均匀即可。

白菜丝拌鱼干

材料 鱼干200克，白菜300克，胡萝卜50克

调料 盐、酱油各3克，醋少许

做法

①白菜洗净切成丝；胡萝卜洗净去皮，切成丝。②鱼干切成丝，抹上盐，放入蒸锅中大火蒸熟。③白菜丝和胡萝卜丝装入盘中，放上蒸熟的老板鱼干，再加入所有调味料一起拌匀即可。

炝拌鱼干

材料 鱼干300克

调料 干辣椒3克，辣椒油5克

做法

①鱼干润透，洗净；干辣椒洗净切段。②将鱼干入锅蒸至软后，取出切成小块，装盘。③将干辣椒入油锅中炝香后，淋在鱼干上，再加辣椒油一起拌匀即可。

腌菜

泡萝卜条

材料 白萝卜、胡萝卜各300克，姜、蒜各10克，指天椒20克

调料 白醋20克，盐、味精、白砂糖各少许

做法

1. 将白萝卜、胡萝卜洗净去皮，切条；姜洗净切片，蒜去皮切粒，指天椒去蒂洗净。
2. 将切好的萝卜条放入碗中，加入姜片、蒜粒，调入盐、味精、白醋、白砂糖拌匀。
3. 将调好味的萝卜条和指天椒放入钵内，加入凉开水至盖过菜，密封腌渍2天即可。

橙汁藕片

材料 莲藕300克

调料 橙汁50克

做法

1. 将莲藕刮去外皮，洗净，切片，浸在凉水中10分钟后捞出沥干。
2. 烧热水，放入藕片焯烫至熟，捞起。
3. 将煮熟的莲藕装盘，倒入橙汁，泡约15分钟即可食用。

蜜汁山药

材料 山药400克，西瓜、梨子、葡萄干各适量

调料 桂花酱、蜂蜜各适量

做法

1. 山药、西瓜、梨子均洗净，切块；葡萄干洗净备用。
2. 锅加水烧开，下入山药条煮至熟后，捞出装盘，上面摆上西瓜、梨子、葡萄干。
3. 将桂花酱与蜂蜜拌匀，淋在山药条上，腌渍20分钟即可。

山椒鸡爪

材料 山椒20克，鸡爪400克

调料 红辣椒、葱段、姜片各5克，料酒、花椒、八角各适量，盐6克，白醋5克

做法

1 鸡爪洗净切块，放入沸水锅中，加入葱、姜、料酒、花椒、八角和适量盐，大火煮约10分钟。

2 将洗净的红辣椒和山椒加入锅中，再加入白醋和盐，小火熬制30分钟左右。

3 熄火放凉，将鸡爪浸泡入味即可捞出鸡爪和所有辣椒食用。

脆丁香

材料 花生米、黄瓜各200克，胡萝卜150克

调料 盐3克，味精1克，醋15克，酱油10克

做法

1 花生米稍洗，再入油锅炸香，待凉；黄瓜、胡萝卜洗净切成丁。将花生米搓去外皮装入碗中，倒入酱油、醋、盐、味精。

2 最后加入胡萝卜、黄瓜丁一起浸泡半小时即可。

四川泡菜

材料 白萝卜、胡萝卜、心里美萝卜、西芹各50克

调料 盐、白糖、醋、香油各适量，葱少许

做法

1 白萝卜、胡萝卜、心里美萝卜、西芹均洗净，切丁；葱洗净，切花。

2 将备好的材料分别放入开水锅中焯水，捞出沥干备用。

3 盐、白糖、醋加冷开水兑成泡菜水，将焯过的材料放入，密封腌渍3小时，捞出后与香油拌匀，撒上葱花即可。

韩国泡菜

材料 大白菜 500 克

调料 盐 5 克，鸡精 3 克，辣椒酱、醋、泡椒汁各适量

做法

①大白菜洗净，撕成小片，加盐、鸡精、辣椒酱、醋、泡椒汁拌匀。②将拌好的大白菜装入一个密封的坛中，腌渍 2 天。③食用时从坛中取出装盘即可。

腌萝卜毛豆

材料 腌萝卜 250 克，毛豆 120 克

调料 盐、味精各 3 克，香油、酱油、辣椒各 10 克

做法

①腌萝卜洗净，切丁；毛豆去荚，洗净；辣椒洗净，剁碎。②油锅烧热，下入辣椒爆香，加入毛豆煮熟，放入腌萝卜炒匀。③放盐、味精、香油、酱油调味，翻炒均匀，盛盘即可。

糖醋腌莴笋

材料 莴笋 500 克

调料 冰糖 10 克，白醋适量，葱 20 克

做法

①将莴笋去皮洗净，切成长条；葱洗净，切碎。②烧开水，把莴笋放入锅中焯烫至断生，捞起，放入碟中。③将冰糖、白醋、开水放入碗中，撒上葱花，拌匀成糖醋汁备用。④最后将糖醋汁淋在莴笋上，腌渍 5 分钟即可食用。

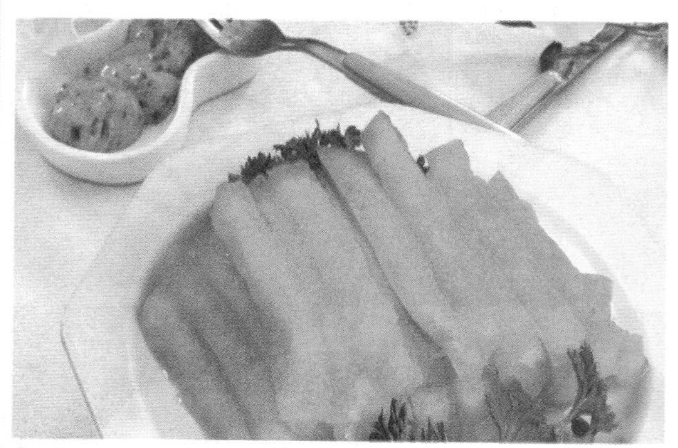

爽口瓜条

材料 冬瓜 350 克

调料 橙汁 50 克，白糖适量

做法

①冬瓜去皮，洗净，切成长条备用。②将冬瓜下入沸水中焯熟，捞出装盘。③将橙汁与白糖拌匀，淋在瓜条上，腌渍 1 小时即可。

卤菜

夫妻肺片

材料 鲜牛肉、牛肚、牛舌各200克，油酥花生米30克，熟白芝麻5克

调料 老卤水2500克，辣椒油20克，酱油150克，花椒粉25克，八角、花椒、肉桂、盐、白酒、葱花各适量

做法

1. 牛肉、牛肚、牛舌均洗净，汆水；花椒、肉桂、八角用布包扎好。
2. 锅中倒入老卤水，放入香料包、酒、盐烧开，放入牛肉、牛肚、牛舌煮熟，捞出切片。
3. 将卤水、辣椒油、酱油、花椒粉调成味汁。
4. 牛肉、牛杂淋入味汁拌匀，撒上油酥花生米、芝麻、葱花即可。

卤香猪蹄

材料 猪蹄200克

调料 卤汁500克

做法

1. 猪蹄治净，斩件备用。
2. 锅中倒入卤汁烧开，放入猪蹄，用小火炖3.5小时，捞出，摆盘即可。

卤水金钱肚

材料 金钱肚 450 克

调料 卤水 300 克，八角 2 克，桂皮 3 克，蒜 5 克，红椒 10 克，玫瑰露酒 3 克，盐 3 克，味精 2 克，白醋 5 克，糖 5 克

做法

1. 金钱肚洗净；蒜、红椒均洗净，剁碎。
2. 金钱肚装盘，放入八角、桂皮，洒上玫瑰露酒，放入蒸笼蒸 25 分钟。
3. 取出金钱肚，放入卤水中，加上八角、桂皮、盐、味精，稍煮后捞出。
4. 将白醋、蒜蓉、红椒粒、糖拌匀，作为调料蘸食即可。

卤水牛舌

材料 牛舌 1 个

调料 盐 5 克，酱油 45 克，葱段 10 克，姜片 15 克，蒜瓣 12 克，八角 8 克，桂皮 15 克，陈皮 10 克，花椒 10 克

做法

1. 牛舌洗净，下入沸水中稍烫后，取出再刮洗净。
2. 锅中加水烧开，下入所有调味料煮至出色，再下入牛舌。
3. 卤煮至牛舌入味后，捞出切片装盘即可。

卤牛蹄筋

材料 牛蹄筋800克

调料 盐20克，陈皮、八角、草果、肉蔻、香叶、孜然、葱、姜各适量

做法

1. 牛蹄筋洗净，放入沸水中汆烫后，捞出。
2. 锅中加水烧开，下入所有调味料一起煮开，再下入牛蹄筋。
3. 卤煮至牛蹄筋熟软，且入味时，捞出切片即可。

卤水鹅肉拼盘

材料 鹅肾100克，鹅肉100克，鹅翅200克，豆腐2块

调料 盐5克，味精2克，美极鲜酱油10克，卤汁300克

做法

1. 将鹅肉、鹅肾、鹅翅、豆腐洗净，分别入油锅炸至金黄。
2. 把水烧开，将原料放入锅中烫熟，取出，再用凉开水冲15分钟，沥干，加入卤汁、盐和味精浸泡30分钟后切件，装盘，加美极鲜酱油，淋上卤汁即可。

卤味鹌鹑蛋

材料 鹌鹑蛋500克

调料 八角5克，桂皮3克，花椒5克，盐3克，味精3克，红油3克

做法

1. 将鹌鹑蛋放入水中煮熟后，取出，剥去外壳。
2. 将八角、桂皮、花椒等制成卤水，再将鹌鹑蛋放入卤好。
3. 将卤好的鹌鹑蛋加入盐、味精、红油一起拌匀即可。

卤味凤爪

材料 鸡爪250克

调料 盐5克，味精3克，八角5克，桂皮10克、葱段10克，蒜片5克

做法

1. 凤爪剁去趾甲，洗净。
2. 锅中加水烧沸，下入鸡爪煮至熟软后捞出。
3. 锅中加入葱段、蒜片和其他调味料制成卤水，下入鸡爪卤至入味即可。

卤鸡腿

材料 鸡腿3个

调料 黄酒25克，酱油15克，白糖2克，茴香4粒，桂皮1小块，葱段、姜片各25克

做法

1. 鸡腿治净、去骨，放入盆内，用葱段、姜片、黄酒、酱油腌渍入味。
2. 锅上火烧开水，下入鸡腿煮约2分钟后捞起，洗净去血水。
3. 原锅洗净，放入鸡腿，加入清水、白糖、茴香、桂皮，烧开后转小火卤约30分钟，取出鸡腿，冷却后，浇入少许原卤即可。

墨鱼卤鸡

材料 墨鱼、鸡肉各350克

调料 花椒、八角、桂皮各3克，丁香2克，大葱10克，姜10克，料酒20克，盐25克，香菜20克，白砂糖5克

做法

1. 墨鱼、鸡肉分别治净，下入沸水中氽水后捞出。
2. 锅中加入适量水，下入所有调味料煮开，撇去浮沫。
3. 再下入墨鱼和鸡肉，卤煮至各材料均熟，取出切块，装盘即可。

杭州卤鸭

材料 净鸭 400 克

调料 白糖 10 克，桂皮 3 克，酱油适量，葱 15 克，姜 5 克，料酒适量

做法

1. 将净鸭洗净并沥干水分；桂皮洗净；葱洗净，切段；姜洗净，切片。
2. 锅置火上，加入适量清水烧沸，放入白糖以外所有调味料，再放入鸭卤制。
3. 待煮沸后，撇去浮油，卤煮至熟再加白糖继续煮至原汁稠浓，鸭凉后，取出斩成块即成。

卤水鸭脖

材料 鸭脖 300 克

调料 卤水汁 300 克，干辣椒 10 克，盐 5 克

做法

1. 鸭脖洗净；干辣椒洗净。
2. 锅中放入水、卤水汁、干辣椒、盐，大火烧沸后，倒入鸭脖，煮 30 分钟，然后再加盖焖 20 分钟。
3. 待熟后，捞出沥干晾凉，剁成小段，装盘即可。

卤水鸭肝

材料 鸭肝 300 克

调料 卤水汁 300 克，八角 3 克，花椒粉 5 克，料酒 3 克，酱油 3 克，盐 5 克，糖 6 克

做法

1. 鸭肝去筋洗净装碗，用八角、花椒粉、料酒、酱油、盐、糖腌渍 4 ~ 5 个小时。
2. 锅放入卤水烧开后，放入鸭肝，大火烧开 5 分钟，转小火再煮 20 分钟。
3. 待熟后，捞出沥干晾凉，切成片装盘即可。

香糟麻花肚尖

材料 猪肚尖 300 克

调料 糟卤 100 克，盐 3 克，料酒 5 克，糖 3 克

做法

1. 猪肚尖刮去表面油膜，洗净，切开，再扭成麻花形。
2. 锅倒入清水，放入肚尖烧开，加入盐、料酒、糖调味后，用微火煨 2 小时，捞出。
3. 倒入糟卤中浸至入味后，即可捞出食用。

辣卤牛百叶

材料 牛百叶 300 克，油炸花生米 30 克，白熟芝麻 20 克

调料 盐 4 克，红油、酱油、花椒、桂皮、甘草、草果、八角、山柰、丁香、冰糖、香菜段、干椒各适量

做法

1. 将牛百叶洗净，切块，焯水；花椒、桂皮、甘草、草果、八角、山柰、丁香、干椒洗净。
2. 锅置火上，烧热水，放入调味料，拌匀。
3. 待卤汁煮沸后改小火，放进牛百叶卤制至熟，装碗撒上花生米、白熟芝麻、香菜即可。

辣卤鸭肠

材料 鸭肠 300 克

调料 盐、辣椒粉、花椒粉、豆瓣酱、八角、草果、甘草、丁香、桂皮、小茴香、香叶、干辣椒、花椒粒、酱油、糖、香菜各适量

做法

1. 将鸭肠洗净，切段；八角、草果、甘草、丁香、桂皮、小茴香、香叶、干辣椒、花椒粒洗净；香菜洗净，切段。
2. 锅中烧热水，放入鸭肠，汆烫后捞起；另起锅，烧沸水，放入香菜以外所有调料，拌匀。
3. 接着放入鸭肠，卤熟装盘，撒上香菜即可。

第8部分

美味热菜

说到中餐，人们往往会想到炒菜。其实，热菜还有多种烹饪技法，如口味醇厚鲜香的烧菜，原汁、原味的蒸菜，咸鲜软烂、或酸辣过瘾的炖菜，香味四溢，色泽夺目的煎菜及香酥脆嫩的炸菜。现在，就来一起学习美味热菜的制作吧。

热菜烹饪小窍门

炒菜的分类与制作技巧

炒是最广泛使用的一种烹调方法，就是炒锅烧热，加底油，用葱、姜末炝锅，再将加工成丝、片、块状的原料，直接用旺火热锅热油翻炒成熟。炒又分为生炒、熟炒、软炒、煸炒等。

●生炒

生炒又称火边炒，以不挂糊的原料为主。先将主料放入沸油锅中，炒至五六成熟，再放入配料，配料易熟的可迟放，不易熟的与主料一齐放入，然后加入调味料，迅速颠翻几下，断生即好。这种炒法，汤汁很少，清爽脆嫩。如果原料的块形较大，可在烹制时兑入少量汤汁，翻炒几下，使原料炒透，即行出锅。放汤汁时，需在原料的本身水分炒干后再放，才能入味。

●煸炒

煸炒是将不挂糊的小型原料，经调味品拌腌后，放入八成热的油锅中迅速翻炒，炒到外面焦黄时，再加配料及调味品同炒，待全部卤汁被主料吸收后即可出锅。煸炒菜肴的一般特点是干香、酥脆、略带麻辣。

●软炒（又称滑炒）

先将主料出骨，经调味品拌脆，再用蛋清淀粉上浆，放入五六成热的温油锅中，边炒边使油温增加，炒到油约九成热时出锅；再炒配料，待配料快熟时，投入主料同炒几下，加些卤汁，勾薄芡起锅。软炒菜肴非常嫩滑，但应注意在主料下锅后，必须使主料散开，以防止主料挂糊粘连成块。

●熟炒

熟炒一般先将大块的原料加工成半熟或全熟

（煮、烧、蒸或炸熟等），然后改刀成片、块等，放入沸油锅内略炒，再依次加入辅料、调味品和少许汤汁，翻炒几下即成。熟炒的原料大都不挂糊，起锅时一般用湿淀粉勾成薄芡，也有用豆瓣酱、甜面酱等调料烹制而不再勾芡的。熟炒菜的特点是略带卤汁、酥脆入味。

烧菜的制作关键

烧是烹调中国菜肴的一种常用技法，就是将经过初步熟处理的原料，放入汤中调味，大火烧开后小火烧至入味，再用大火收汁成菜的烹调方法。那么怎样才能做出美味又可口的烧菜呢？这就需要掌握一些制作烧菜的关键了。

●原料初步熟处理环节

绝大部分烧制菜肴的原料都要进行初步熟处理。其作用是排去原料中的水分和腥味，并且起到提香的作用，同时改变原料表层的质地和外观，使其起皱容易上色，能够吸入卤汁和裹附芡汁。烧制菜肴原料的初步熟处理分为三种方法：

（1）焯水处理

用类似焯水的方法，将原料汆至变白、断生或熟透。但要根据原料的特性而言，对于质地比较细嫩的原料要采用汆的方法，如海参丝和笋丝等；质地比较老韧、腥味比较重的原料要采用煮的方法，如牛肉、羊肉、鸭子等；而新鲜的蔬菜原料汆水时要放入少许油，这样能够较好地保持蔬菜的外形，同时可以使蔬菜的色泽更加油亮。汆水过程中，血污重、腥味大的原料要冷水下锅，而且原料老韧的均中火烧沸后去净血污，加入合适的调料用中小火长时间煮到合适的成熟度。鲜味足、血污少的原料宜沸水下锅，对于较嫩的原料要采用中小火加热，掌握好适当的成熟度。

（2）油炸处理

由于原料完全浸在油中，不易接触锅底，所以脱水较快，原料的表面结皮较慢。一些腥味比较重，形态不规则的原料大都采用此法。首先锅里加入比原料多3倍的油，旺火或中火加热。腥味较重、不易散碎的原料可以用中火、中油温，较长时间地加热；而水分多，易碎的原料可以用大火、高油温，短时间炸制，例如豆腐。

（3）煎制处理

锅内放入少许的色拉油，放入原料，用中火或者大火短时间加热。因为原料会直接与锅底接触，所以要注意晃锅，随时改变位置，使其均匀受热。煎制的原料一般有鱼类、明虾、豆腐、排骨等。

● 如何烧焖入味

此步骤将决定菜的味道和质感，加热时要用中小火。

（1）放入调味料的注意事项

经过初步熟处理和直接入锅烧制的原料要先投入调味料，若是动物性原料要先加醋和料酒，方可起到解腥和增香的作用。烹调中，调味料要先于汤水加入，这样可以使原料更多地吸收调料的味道。加汤水时动作要轻，应从锅壁慢慢加入，待汤水烧开后再用中小火烧制。

（2）烧菜加热的时间注意事项

要根据原料的老嫩和形状的大小而定。块大、质老的原料要多添加一些水，小火多烧制一段时间；块小、质嫩的原料可以少添加一些水，以烧至断生为度。

（3）莱肴的汤（水）量要加得合适

一般而言，加入汤（水）的数量应为原料的4倍。

同时，烧鱼类原料时一般要加入水，以保持鱼的清鲜味道；而烧制禽类、蔬菜原料要用到白汤；烧制山珍和海味时要用浓白汤和高汤。

●如何收汁勾芡

收汁勾芡是烧菜中的最后一个环节，也是菜肴烹制的关键。经过烧制的原料已经成熟，质感也已经达到标准，所以，此时要采用大火收汁至黏稠，使卤汁均匀地裹在原料的表面上，收汁的过程中要注意以下几点：

（1）用旺火收汁也要掌握好分寸，并非火力越大越好

即使同样采用旺火，也会有一些细微的差别：汤汁多，原料少时要用大火收汁；汤汁少，原料嫩时要用偏中火收汁，防止汤汁过快糊化影响菜肴的质量。

（2）勾芡要均匀，一步到位

烧菜肴一般都用淋芡和泼芡的方法。给排列整齐或比较易碎的原料勾芡时，不可以用勺子搅拌，否则会出现芡汁成团的现象，所以下芡后一定要晃锅，芡汁也要调制得稍微薄一些。勾芡时芡汁要淋在汤汁翻滚处，同时要边淋边晃动锅，使之均匀成芡。

（3）适量地淋入明油

淋入明油是出锅前的最后一个环节，明油淋入的多少，是决定菜肴视觉好坏的指标。过多地淋入明油，菜肴的亮度增加了，但是会给人一种油腻的感觉，还会使菜肴的汁芡溶解掉；淋入明油太少，菜肴的亮度不够。正确淋明油的方法是将明油从锅边缘淋入，在淋入的同时还要晃动锅，使油沿锅壁沉底，在晃动的同时还可以使芡汁和明油相溶，然后出锅装盘。还要注意一点，淋入明油后不要频繁地翻动炒锅，防止菜肴形状碎烂和油被芡汁所包容，失去光泽。

蒸菜的好处及分类

蒸，一种看似简单的烹法，令都市人在吃过了花样百出的菜肴后，对原始而美味的蒸菜念念不忘。如果没有蒸，我们就永远尝不到由蒸变化而来的鲜、香、嫩、滑之味。

●蒸菜的定义

蒸是一种重要的烹调方法，其原理是将原料放在容器中，以蒸汽加热，使调好味的原料成熟或酥烂入味。其特点是，保留了菜肴的原形、原汁、原味。比起炒、炸、煎等烹饪方法，能在很大程度上保存菜的各种营养素，更符合健康饮食的要求。

●蒸菜的四大好处

（1）吃蒸菜不会上火

蒸的过程是以水渗热、阴阳共济，蒸制的莱肴吃了就不会上火。

（2）吃蒸饭蒸菜营养好

蒸能避免受热不均和过度煎、炸造成有效成分的破坏和有害物质的产生。

（3）蒸品最卫生

菜肴在蒸的过程中，餐具也得到蒸汽的消毒，避免二次污染。

（4）蒸菜的味道更纯正

“蒸”是利用蒸汽的对流作用，把热量传递给菜肴原料，使其成熟，所以蒸出来的食品清淡、自然，既能保持食物的外形，又能保持食物的风味。

●蒸制菜肴的种类

清蒸：是指单一口味（咸鲜味）原料直接调味蒸制。

粉蒸：是指腌味的原料上浆后，粘上一层熟米粉蒸制成菜的方法。

糟蒸：是在蒸菜的调料中加糟卤或糟油，使成品菜有特殊的糟香味的蒸法。

上浆蒸：是鲜嫩原料用蛋清淀粉上浆后再蒸的方法。

扣蒸：就是将原料经过改刀处理按一定顺序放入碗中，上笼蒸熟的方法。

做好蒸菜的诀窍

蒸的器具很多，有木制蒸笼、竹制蒸笼，形状可大可小，层次可多可少，可根据原料多少调节。蒸菜时，必须注意分层摆放，汤水少的菜放在上面，汤水多的菜放在下面，淡色菜放在上面，深色菜放在下面，不易熟的菜放在上面，易熟的菜放在下面。要做好蒸菜，必须注意以下关键点：

●原材料要新鲜

因为蒸制时原料中的蛋白质不易溶解于水中，调味品也不易渗透到原料中，故而最大限度地保持了原汁原味。所以必须选用新鲜原料，否则口味会受影响。

●调好味

调味分为基础味和补充味，基础味是在蒸制前使原料入味，浸渍加味的时间要长，且不能用辛辣味重的调味品，否则会抑制原料本身的鲜味。补味是蒸熟后加入芡汁，芡汁要咸淡适宜，不可太浓。

●粉蒸须知

采用粉蒸法时，原料质老的可选用粗米粉，原料质嫩的可选用细米粉。

●掌握蒸菜的火候与时间

根据烹调要求和原料老嫩来掌握火候。用旺火沸水速蒸适用于质嫩的原料，要蒸熟不要蒸烂，时间为 15 分钟左右。对质地粗老，要求蒸得酥烂的原料，应采用旺火沸水长时间蒸，时间约为 3 小时

左右。原料鲜嫩的菜肴，如蛋类等应采用中小火慢慢蒸。

● 根据原料确定入笼时间

根据原料耐气冲的程度，分别采用：急气盖蒸，即盖严后在沸滚气体中蒸熟；开笼或半开笼水滚蒸，即暖气升蒸，在冷水上逐渐加热，至气急后蒸成的方法。

炖菜的种类与技巧

炖是指将原料加汤水及调味品，旺火烧沸后，转中小火长时间烧煮成菜的烹调方法。

● 炖的种类

炖有不隔水炖、隔水炖和侉炖三种。

（1）不隔水炖

不隔水炖法是将原料在开水中烫去血污和腥膻气味，再放入陶制的器皿内，加葱、姜等调味品和水，加盖，直接放在火上烹制。

（2）隔水炖法

隔水炖法是将原料在沸水中烫去腥污后，放入瓷制、陶制的钵内，加葱、姜、酒等调味品与汤汁，用纸封口，将钵放入水锅内，盖紧锅盖，使之不漏气。

（3）侉炖

侉炖是将挂糊过油预制的原料放入沙锅中，加入适量汤和调料，烧开后加盖用小火进行较长时间加热，或用中火短时间加热成菜的技法。

● 炖的技巧

（1）调味

原料在炖制开始时，大多不能先放咸味调味品。特别不能放盐，如果盐放早了，盐的渗透作用会严重影响原料的酥烂，延长成熟时间。

（2）原料的处理

选用以畜禽肉类等主料，加工成大块或整块，不宜切小切细，但可制成蓉泥，制成丸子状。

（3）加水

炖时要一次加足水，中途不宜加水掀盖。

煮菜的相关知识

煮是将处理好的原料放入足量汤水，用不同的加热时间进行加热，待原料成熟时，即可出锅的技法。一般是将食物及其他原料一起放在多量的汤汁或清水中，先用武火煮沸，再用文火煮熟。煮的方式包括油水煮、白煮这两种：

● 油水煮

原料经多种方式的初步熟处理，预制成为半成品，放入锅内加适量汤汁和调味料，用旺火烧开后，改用中火加热成菜的技法。

制作流程：选料→切配→焯烫等预热处理→入锅加汤调味→煮制→装盘。

热菜煮法以最大限度地抑制原料鲜味流失为目的，所以加热时间不能太长，防止原料过度软散失味。

特点：菜肴质感大多以鲜嫩为主，也有的以软嫩为主，都带有一定汤液，大多不勾芡，少数品种勾芡稀薄以增加汤汁黏性。

技巧：油水煮法所用的原料，一般为纤维短、质细嫩、异味小的鲜活原料。菜肴均带有较多的汤汁，是一种半汤菜。

● 白煮

将加工整理的生料放入清水中，烧开后改用中小火长时间加热成熟，冷却切配装盘，配调味料（拌食或蘸食）成菜的冷菜技法。

制作流程：选料→加工整理→入锅煮制→切配装盘→佐以调料。

特点：肥而不腻，瘦而不柴，清香酥嫩，蘸佐料食用味美异常。

技巧：白煮的选料严；白煮的原料加工精细；白煮的水质要净；白煮的加热火候要适当。

煎的种类

一般日常所说的煎，是指用锅把少量的油加热，再把食物放进去使其熟透，表面会呈金黄色乃至微煳。煎的种类有很多种，有干煎、酥煎、湿煎、煎炒、香煎等，下面我们就介绍一些常见的方法。

● 干煎

是一种比较常用的煎制菜肴方法。可将小型原料腌渍后拍上面粉直接煎制成菜；或者将原料切成段或扁平的片后，油炸至八成熟或断生定型，再在煎锅中加入调好的水淀粉芡汁煎至芡汁收干、原料入味。

● 酥煎

是将原料腌渍入味，挂酥皮糊后再入存底油的锅中煎制熟的烹调方法。

● 湿煎

是对原料进行初步刀工处理成型，加入调料调至入味，用淀粉上浆或拍上干淀粉，用中火煎至定型，再用小火煎熟，以适合的调味汁收汁入味的烹调方法。

● 煎炒

是将原料刀工处理后，腌渍入味上浆或拍粉，用小火或中火进行煎制，再烹炒调味至熟的烹调方法。

● 香煎

将原料改刀成形后腌渍入味煎熟成菜，起锅前淋入洋酒，如干红白兰地等，成菜香气四溢。

炒菜

炝炒包菜

材料 包菜300克，干辣椒10克

调料 盐5克，醋6克，味精3克

做法

1. 包菜洗净，切成三角块状。
2. 干辣椒剪成小段。
3. 锅中加油烧热，下入干辣椒段炝炒出香味。
4. 下入包菜块，炒熟。
5. 加入所有调味料炒匀即可。

手撕包菜

材料 包菜300克

调料 白糖5克，白醋10克，盐5克，鸡精5克，干辣椒20克

做法

1. 包菜洗净，将菜叶剥下来，用手撕成小片；干辣椒洗净切粒。
2. 炒锅烧热放入油，将干辣椒、包菜放入翻炒，炒至将熟时加入白醋和盐、白糖、鸡精炒匀，即可出锅装盘。

炒湘味小油菜

材料 猪肉200克，油菜300克

调料 红椒15克，豆瓣酱20克，盐3克，味精1克

做法

1. 猪肉洗净，剁碎；油菜摘洗干净，切小段；红椒洗净，切碎；豆瓣酱剁碎。
2. 锅中油烧热，倒入红椒炒香，然后加入猪肉炒至出油后，倒入油菜翻炒，加入剁碎的豆瓣酱炒匀。
3. 加入盐、味精，炒至菜梗软熟，出锅即可。

腊八豆炒空心菜梗

材料 腊八豆 150 克，空心菜梗 200 克

调料 盐 3 克，红椒 30 克

做法

1 将空心菜梗洗净，切段。

2 红椒洗净，去子，切条。

3 锅中水烧热，放入空心菜梗焯烫一下，捞起。

4 锅中倒油烧热，放入腊八豆、空心菜梗、红椒，调入盐，炒熟即可。

木须小白菜

材料 黑木耳 50 克，小白菜 200 克，猪肉 250 克，鸡蛋液 50 克

调料 料酒、盐各 3 克，酱油、香油各 5 克

做法

1 猪肉洗净，切成片；黑木耳泡发，洗净，撕成片；小白菜摘洗净，掰成段。

2 锅中倒油烧热，加入鸡蛋炒熟后，装盘。

3 另起锅中倒油烧热，放入肉片煸炒变色，加入料酒、酱油、盐，炒匀。

4 加入木耳、小白菜、鸡蛋同炒。

5 炒熟后，淋入香油。

茄子炒豆角

材料 茄子、豆角各200克

调料 盐、味精各2克，酱油、香油、辣椒各15克

做法 ①茄子、辣椒洗净，切段；豆角洗净，撕去荚丝，切段。②锅中倒油烧热，放辣椒段爆香，下入茄子段、豆角段，大火煸炒。③下入盐、味精、酱油、香油调味，翻炒均匀即可。

大蒜茄丝

材料 茄子400克

调料 大蒜、葱各10克，辣椒酱5克，盐2克，白芝麻3克

做法 ①茄子洗净切条，蒸软备用；大蒜、葱分别洗净切碎；白芝麻洗净沥干。②锅中倒油烧热，下入大蒜炸香，再下茄子炒熟。③加入盐、辣椒酱和白芝麻炒匀至入味，出锅撒上葱花即可。

烧椒麦茄

材料 茄子300克，青椒、红椒各30克，豆苗50克

调料 盐2克，蒜末、酱油、辣椒酱各3克

做法 ①茄子洗净，在表皮打上花刀切成长条；青椒、红椒分别洗净切丁；豆苗洗净，摆到盘子周围做装饰。②锅中倒油烧热，下入茄子炒熟，加入盐、酱油、辣椒酱炒匀。③茄子出锅倒入豆苗中间，将青椒、红椒和蒜末拌匀，倒在茄子上。

醋熘白菜

材料 大白菜400克，青椒、红椒各10克，干红椒10克

调料 醋35克，盐4克，酱油5克，红油少许

做法 ①大白菜洗净，斜切片；青椒、红椒洗净切片；干红椒切丝备用。②锅中倒油加热，下大白菜快速翻炒，加入醋和青椒、红椒。③最后加入干红椒、盐、酱油和红油炒匀，装盘即可。

黄花菜炒金针菇

材料 金针菇200克，黄花菜100克

调料 盐3克，红椒、青椒30克

做法

1 将金针菇洗净；黄花菜泡发，洗净；红椒、青椒洗净，去子，切条。

2 锅置火上，烧热油，放入红椒、青椒爆香。

3 再放入金针菇、黄花菜，调入盐，炒熟即可。

葱油珍菌

材料 百灵菇300克，葱20克

调料 盐3克，味精1克

做法

1 百灵菇洗净，切成片后，再入开水中稍焯；葱洗净切段。

2 炒锅中倒油烧热，放入葱段炒至出油，下入百灵菇翻炒。

3 调入盐、味精入味，略炒即可。

香炒百灵菇

材料 百灵菇300克，猪肉150克

调料 青椒、红椒、酱油、盐、味精各适量

做法

1 百灵菇洗净，切成片，入开水焯烫后捞出；猪肉洗净，切片；青椒、红椒洗净，切成小块。

2 锅中倒油烧热，放入猪肉、百灵菇片翻炒后，加入青椒、红椒块炒至断生。

3 待熟后，加入酱油、盐、味精炒至入味，出锅即可。

香芹炒木耳

材料 香芹300克，黑木耳50克

调料 盐3克，鸡精1克

做法

1 香芹洗净，切段；黑木耳泡发洗净，撕成小片。

2 锅中倒油烧热，倒入木耳、香芹翻炒均匀。

3 待熟后，加入盐、鸡精炒至入味，出锅即可。

韭菜炒黄豆芽

材料 韭菜200克，黄豆芽200克，干辣椒40克

调料 香油适量，盐3克，鸡精1克，蒜蓉20克

做法

1. 将韭菜洗净，切段；黄豆芽洗净，沥干水分；干辣椒洗净，切段。
2. 锅加油烧热，放入干辣椒和蒜蓉炒香，倒入黄豆芽翻炒，再倒入韭菜一起炒至熟。
3. 最后加入香油、盐、鸡精炒匀，装盘即可。

彩椒木耳山药

材料 红椒、青椒、黄椒50克，山药100克，水发木耳50克

调料 盐3克

做法

1. 将红椒、青椒、黄椒洗净，去子切块；山药洗净，去皮切片；水发木耳洗净，撕成小朵。
2. 锅中倒油烧热，放入所有原料，翻炒。
3. 最后调入盐，炒熟即可。

生炒小排

材料 排骨400克，熟白芝麻5克

调料 盐2克，酱油3克，干辣椒20克，青辣椒5克

做法

1. 排骨洗净剁块，抹上盐和酱油腌至入味；干辣椒洗净切段；青辣椒洗净切碎。
2. 锅中倒油加热，下入排骨炸熟，捞出沥油。
3. 净锅倒少许油，加入排骨、白芝麻、干辣椒和青辣椒，炒匀入味即可。

糖醋排骨

材料 排骨400克

调料 酱油4克，白糖5克，醋10克，料酒、盐各适量

做法

1. 将排骨洗净，剁成块，用开水氽一下，捞出加盐、酱油腌入味。
2. 炒锅中倒油烧热，下排骨炸至金黄，捞出沥油。
3. 炒锅留少许油烧热，下酱油、醋、白糖、料酒炒匀，下入排骨炒上色，加入适量清水烧开，用慢火煨至汁浓即可。

脆黄牛柳丝

材料 黄瓜200克，牛里脊肉150克

调料 盐3克，味精1克，红尖椒10克，料酒20克，淀粉6克

做法 ①黄瓜洗净切成条状；牛里脊肉洗净切成丝，用淀粉、料酒腌渍；红尖椒洗净切碎。②炒锅中倒油烧热，放入红尖椒炒香，下牛肉滑炒，加入黄瓜翻炒至肉变色。③调入盐、味精，略炒即可。

翡翠牛肉粒

材料 青豆300克，牛肉100克，白果仁20克

调料 盐3克

做法 ①青豆、白果仁分别洗净沥干；牛肉洗净切粒。②锅中倒油烧热，下入牛肉炒至变色，盛出。③净锅再倒油烧热，下入青豆和白果仁炒熟，倒入牛肉炒匀，加盐调味即可。

豆豉牛肚

材料 牛肚800克

调料 盐4克，白糖15克，酱油8克，料酒、葱段、姜块、葱白、甜椒、红油各适量

做法 ①葱白、甜椒洗净切丝。②把牛肚、料酒、葱段、姜块同放至开水中稍煮，捞出切片；油锅烧热，放豆豉加盐、白糖、酱油、红油炒好，淋在牛肚上，撒上葱白和甜椒即可。

葱爆羊肉

材料 羊肉300克，大葱100克

调料 味精 2克，酱油 20克，盐 2克，料酒、红椒各10克

做法 ①羊肉洗净切成薄片；大葱斜切成片状；红椒洗净，切斜片。②炒锅倒油烧至七八成热，放入羊肉片、大葱、红椒快速煸炒。③调入料酒、酱油，快炒至肉片变色，加入盐、味精拌炒即可。

宫保鸡丁

材料 鸡胸肉 300 克，炸熟花生 100 克

调料 豆瓣酱 15 克，淀粉 6 克，盐 3 克，醋、干红辣椒各 5 克，料酒、糖、酱油各 3 克

做法

1. 鸡胸肉切丁，加盐、湿淀粉拌匀；干红辣椒洗净切碎。
2. 炒锅中倒油烧热，倒入干红辣椒爆香，放入鸡丁炒散，加入豆瓣酱炒红，烹入料酒略炒。
3. 糖、醋、酱油、肉汤、湿淀粉调成芡汁倒入锅，放入花生米炒匀即可。

姬菇炒鸡柳

材料 姬菇 300 克，鸡肉 200 克

调料 彩椒 20 克，葱末、蒜末各 5 克，盐 2 克，酱油 3 克

做法

1. 姬菇洗净切片；鸡肉洗净切成条；彩椒洗净切条。
2. 锅中倒油烧热，下入葱末和蒜末炸香，倒入姬菇和鸡柳炒熟。
3. 下盐和酱油调好味即可。

农家炒土鸡

材料 土鸡 350 克，芹菜段 100 克

调料 红辣椒 15 克，盐 3 克，生抽、陈醋各 5 克，味精 1 克

做法

1. 土鸡治净，剁成块；汆水后捞出；芹菜段洗净，切成段；红椒洗净，切成圈。
2. 炒锅中倒油烧热，倒入鸡块翻炒片刻，加入生抽、陈醋爆炒至鸡肉变成焦黄时，放入红辣椒圈、芹菜段翻炒片刻。
3. 待熟后，放入味精翻炒一下，出锅即可。

小炒鸡胗

材料 鸡胗350克

调料 青葱、红椒、青椒各20克，干辣椒15克，料酒5克，盐3克，生抽6克

做法

1. 鸡胗洗净，切成片，用料酒，盐腌渍；青椒、红椒、干辣椒、葱洗净，切段。
2. 锅中油烧热，倒入干辣椒、鸡胗炒至发白，加入生抽、料酒翻炒。
3. 锅留油烧热，放入青椒、红椒炒香后，鸡胗回锅翻炒，加入葱段，撒入盐炒匀，出锅即可。

小炒鸡杂

材料 鸡肠、鸡胗各200克，胡萝卜、酸萝卜各100克

调料 青椒、红椒、蒜苗段各30克，盐、鸡精、糖、老抽各适量

做法

1. 鸡胗洗净，切片；鸡肠洗净，切段；胡萝卜、酸萝卜洗净，切丁；青椒、红椒洗净，切段。
2. 锅中倒油烧热，放入蒜苗、青椒、红椒段炒香后，下入鸡肠、鸡胗，大火炒至变色后，加入胡萝卜粒、酸萝卜炒熟。
3. 倒入老抽调色，撒入盐、糖、鸡精，炒匀即可。

葱味孜然鸭脯

材料 鸭脯肉500克，大葱200克

调料 孜然粉15克，盐3克，味精1克，辣椒油、料酒各6克，淀粉5克

做法

1. 鸭脯肉洗净切成薄片，用料酒、淀粉、油将肉片腌渍片刻；大葱洗净斜切成片状。
2. 锅倒辣椒油烧热，倒入大葱炒香，放入鸭脯肉煸炒。
3. 调入盐、味精、孜然粉炒入味后，炒至肉变色即可。

宫保鳕鱼

材料 鳕鱼200克，黄瓜50克，熟花生100克

调料 干红辣椒末、淀粉各10克，盐3克，酱油5克，醋6克

做法 ①鳕鱼洗净切块；黄瓜洗净切丁。②鳕鱼用盐、淀粉上浆拌匀，锅中倒油烧热，倒入鳕鱼炸至金黄捞出。③另起锅中倒油烧热，下干红辣椒炒香，倒入黄瓜、炸熟花生，鳕鱼回锅爆炒。④调入剩余调味料炒匀即可。

韭菜鸡蛋炒银鱼

材料 韭菜300克，鸡蛋10克，银鱼50克

调料 盐3克，香油少许

做法 ①韭菜洗净切段；鸡蛋打散；银鱼洗净沥干。②锅中倒油烧热，下入鸡蛋煎至凝固，铲碎后加入韭菜和银鱼。③翻炒均匀，加盐调味，出锅后淋上香油即可。

蒜仔鳝鱼煲

材料 鳝鱼400克，香菇、平菇各50克

调料 青椒、红椒各30克，大蒜20克，盐3克，酱油2克，蚝油1克

做法 ①鳝鱼治净切段，加盐腌渍；香菇、平菇分别洗净切块；青椒、红椒分别洗净切片；大蒜去皮洗净。②锅中倒油烧热，下入大蒜爆香，倒入鳝鱼炒熟，加入香菇、平菇和青椒、红椒炒熟。③下盐、酱油和蚝油炒匀入味即可。

葱香炒鳝蛏

材料 鳝鱼750克，蛏子500克，葱100克

调料 料酒25克，香油5克，盐3克，味精1克

做法 ①鳝鱼用刀剖开，取出内脏和脊骨，洗净切成段；蛏子洗净，汆水捞出取出蛏肉；葱洗净切段。②炒锅中倒油烧热，放入鳝鱼、蛏肉爆炒，倒入料酒。③再下入葱段，调入盐、味精翻炒入味，淋上香油即可。

海味炒木耳

材料 鲜鱿鱼 100 克，虾仁 150 克，蟹柳 100 克，水发木耳 200 克，鸡蛋 2 个

调料 盐 3 克，葱 5 克

做法

1. 将鲜鱿鱼洗净，打花刀；虾仁洗净；蟹柳洗净，切段；水发木耳洗净，撕小朵；鸡蛋洗净，打成蛋液；葱洗净，切段。
2. 锅中油烧热，放入蛋液，煎成蛋皮，切片。
3. 另起锅，烧热油，放入所有原料翻炒，调入盐，炒熟即可。

火爆豉香鱿鱼圈

材料 鱿鱼 300 克

调料 豆豉 10 克，青椒、红椒各 20 克，盐 3 克

做法

1. 鱿鱼洗净切圈；青椒、红椒分别洗净切圈。
2. 锅中倒油烧热，下入鱿鱼圈炒熟，加红椒、青椒炒匀。
3. 加盐调味，倒入豆豉炒香即可。

酱爆鱿鱼须

材料 鱿鱼须 350 克，香菜 200 克

调料 XO 酱 15 克，料酒 3 克，生抽 5 克，糖 6 克，盐 3 克，鸡精 1 克

做法

1. 鱿鱼须洗净，切成段，汆水后沥干；香菜洗净，切段。
2. 锅中倒油烧热，放入鱿鱼须、料酒，快炒 1 分钟，再倒入生抽、XO 酱、糖翻炒。
3. 最后加入香菜，加入盐、鸡精翻炒均匀盛出即可。

烧菜

茶树菇砣砣肉

材料 红烧肉250克，鲜茶树菇150克

调料 盐3克，红椒、青椒20克，干椒15克，葱15克

做法

1. 将茶树菇洗净，切段；红烧肉切块；红椒、青椒洗净，切碎；干椒、葱洗净，切段。
2. 锅中倒油烧热，放入红椒、青椒、干椒、葱爆香。
3. 再放入茶树菇、红烧肉炒匀后，掺适量水烧至水快干时，调入盐即可。

草菇烧肉

材料 草菇200克，猪肉150克

调料 盐2克，酱油适量，葱10克，蚝油6克

做法

1. 将猪肉洗净，切片；草菇洗净，对切开来；葱洗净，切段。
2. 锅中烧热水，放入草菇焯烫片刻，捞起，沥干水。
3. 另起锅，倒油烧热，放入草菇、猪肉、葱，调入盐、酱油、蚝油，烧熟即可。

红烧肉豆腐皮

材料 五花肉500克，豆腐皮350克

调料 红椒、青椒各30克，八角、桂皮、老抽各5克，花椒、料酒、盐各3克，味精1克

做法

1. 五花肉洗净切块，汆水后捞出；豆腐皮洗净切条；青椒、红椒洗净切小块。
2. 锅中倒油烧热，放入五花肉煸炒至肉出油，倒入花椒、八角、桂皮、料酒、老抽翻炒，加入开水，放入豆腐皮、青椒、红椒，烧炖至肉熟。
3. 调入盐、味精入味，收汁即可。

红烧米豆腐

材料 米豆腐350克

调料 泡椒15克，葱、酱油、盐、醋、味精各适量

做法 ①米豆腐洗净，切成四方形的小块，再下入沸水中焯去异味，捞出；葱洗净，切碎。②锅中加油烧热，下入泡椒、酱油、盐、醋炒香后，再加少许水烧开。③最后加入米豆腐，烧至汁水将干且入味时，出锅加入味精，撒上葱花即可。

青豆烧丝瓜

材料 青豆350克，丝瓜400克

调料 青辣椒、红辣椒各15克，蒜15克，葱白15克，高汤75克，盐3克

做法 ①丝瓜削皮，斜切成块；青辣椒、红辣椒洗净切圈；葱白洗净，切成段；蒜去皮洗净；青豆洗净。②锅倒油烧至五成热，炒香葱白、蒜、辣椒，再放入青豆、丝瓜炒熟。③倒入适量高汤，烧至汤汁将干，加盐即可。

麻婆豆腐

材料 豆腐400克，牛肉100克

调料 豆瓣辣酱10克，花椒粉、辣椒粉各适量，蒜苗15克，红油适量

做法 ①豆腐洗净切块，焯水后捞出沥干；牛肉洗净切末；蒜苗洗净，切段。②锅中倒油烧热，下入肉末炒熟捞出；再倒油烧热，下入豆瓣辣酱和红油炒香，加适量水烧开。③加入豆腐和肉末，微烧后出锅，撒上花椒粉、辣椒粉、蒜苗即可。

虾米烧茄子

材料 虾米50克，茄子300克，鸡蛋2个

调料 盐3克，红椒、青椒各30克，酱油、淀粉、面粉各适量

做法 ①将虾米洗净；茄子去皮，洗净，切块；鸡蛋洗净，打成蛋液；红椒、青椒洗净，切块。②将淀粉、面粉、蛋液做成面糊，将茄子放入，再入油锅炸至六成熟。③锅中留少量油，放入虾米、茄子、红椒、青椒，调入盐、酱油和适量水，烧熟即可。

毛式红烧肉

材料 带皮五花肉 400 克，鱼丸 100 克

调料 葱、白糖、盐各 5 克，酱油、料酒各 3 克

做法 1 五花肉洗净切块，汆水后捞出；鱼丸洗净。2 油锅烧热，放入适量白糖，等到糖变成焦茶色起大泡时，倒入肉块迅速翻炒上色，加入料酒，酱油等其他调料，倒入鱼丸，稍微加一点水，小火煮20分钟。3 等汤汁收浓，起锅撒上葱花即可。

白菜粉丝烧丸子

材料 白菜、猪肉丸子各 200 克，粉丝 100 克

调料 葱末、香菜末各适量，酱油 3 克，淀粉 4 克

做法 1 白菜洗净切段；粉丝泡发，洗净；淀粉加水拌匀。2 锅中倒油加热，下入白菜炒熟，倒入肉丸子和粉丝，加适量水烧熟。3 熟后加酱油调味，最后倒入淀粉水勾芡，出锅后撒上葱末和香菜末即可。

板栗烧猪蹄

材料 板栗 150 克，猪蹄 350 克

调料 盐 3 克，料酒适量，酱油适量，糖、八角各 5 克，葱 10 克

做法 1 将板栗剥壳，洗净；猪蹄洗净，剁小块；八角洗净；葱洗净，切碎。2 锅中水烧开，放入猪蹄，汆烫片刻，捞起。3 另起锅，放入所有调料，再下入板栗、猪蹄，翻炒至匀，加入适量水焖熟，撒上葱花即可食用。

红烧狮子头

材料 猪肉泥、马蹄、猪板油、鸡蛋、油菜各适量

调料 盐 3 克，酱油 5 克，淀粉 10 克，糖 6 克，胡椒粉 3 克，蚝油 3 克，料酒 5 克

做法 1 油菜洗净焯水后装盘。2 将猪肉泥、猪板油、马蹄、鸡蛋液、酱油、淀粉、盐搅匀，捏成丸子。3 锅中倒油烧热，放入肉丸，炸呈金黄捞出，另起锅，倒入肉丸、水烧开；加入其他调味料煮至入味，用水淀粉勾芡装盘即可。

年糕板栗烧排骨

材料 排骨350克，年糕100克，板栗150克

调料 辣椒油15克，味精2克，糖2克，高汤300克，料酒5克，生抽5克，水淀粉10克

做法

1. 排骨洗净，剁成段，汆烫后捞出控水；年糕切条；板栗开口，去皮，洗净。
2. 锅中倒入辣椒油，烧至五成热，放入排骨小火微炒后，加高汤、料酒、糖、生抽、板栗、年糕，用小火炖入味。
3. 加入味精调味后，用水淀粉勾芡，翻匀出锅装盘即可。

仔芋烧小排

材料 芋头300克，排骨350克

调料 料酒3克，酱油6克，鸡精1克，淀粉10克，青椒、红椒各适量

做法

1. 芋头去皮，洗净；排骨洗净，剁成段，汆烫后捞出。
2. 锅中倒入水、排骨、料酒，煮熟软后，再放入芋头煮软，加入青椒、红椒块煮至断生，捞出，盛盘。
3. 取剩余汤汁，加入酱油、鸡精，用水淀粉勾芡，淋在盘中即可。

农家烧肥肠

材料 猪大肠300克，土豆50克，蒜薹100克

调料 盐2克，酱油3克

做法

1. 猪大肠洗净，用盐揉搓去腥；土豆洗净去皮，切条；蒜薹洗净，切段。
2. 锅中倒油加热，下入大肠翻炒，再倒入土豆和蒜薹炒熟。
3. 下盐和酱油炒入味，出锅装盘即可。

干笋烧牛肉

材料 干笋200克，牛肉300克

调料 青椒、红椒、鲜汤各30克，豆瓣酱15克，料酒、酱油、盐各3克

做法 1 干笋泡发，洗净切块，入开水煮约半小时，捞出；牛肉洗净，汆水后切块。2 锅中倒油烧热，放入豆瓣酱炒匀，加入青椒、红椒，烹入料酒，加入酱油翻炒，倒入鲜汤烧开。3 再放入牛肉、干笋，烧至汤汁将干时，加盐调味即可。

苦瓜烧牛蹄筋

材料 苦瓜200克，牛蹄筋150克

调料 盐3克，红椒30克，葱20克

做法 1 将苦瓜洗净，去子切圈；牛蹄筋洗净，切块；红椒洗净，去子切块；葱洗净，切碎。2 锅中水烧热，放入牛蹄筋汆烫片刻，捞起。3 另起锅，倒油烧热，放入红椒爆香，再放入苦瓜、牛蹄筋炒匀，加少许水烧至熟透，调入盐，撒上葱花即可。

草菇烧仔鸡

材料 草菇150克，鸡肉250克

调料 盐3克，番茄酱适量，白糖5克，葱15克

做法 1 将草菇洗净，对切；鸡肉洗净，切块；葱洗净，切碎。2 锅中倒水烧热，放入草菇焯烫一下，捞起，沥干水。3 另起锅，倒油烧热，放入草菇、鸡肉炒熟后，调入少许水、盐、番茄酱、白糖一起烧至汁水全干，撒上葱花即可。

板栗鸡块

材料 仔鸡200克，板栗100克

调料 盐3克，味精2克，料酒、生抽、老抽各5克，糖6克，葱3克，红椒3克

做法 1 仔鸡洗净切块；板栗去掉壳、皮，洗净；葱洗净切碎；红椒洗净切块。2 锅放油烧热，下葱、鸡块、料酒、生抽、老抽、糖炒至水干。3 放入板栗、红椒、水，用大火烧至栗酥鸡烂，入盐、味精调味，收汁起锅即可。

干锅凤爪

材料 凤爪300克

调料 青椒、红椒各10克，卤肉汁600克，盐3克，酱油5克，味精2克

做法 ①凤爪洗净，剪去趾甲；青椒、红椒洗净切小块。②锅加水烧开，放入凤爪，加入卤肉汁、盐，煮至熟。③锅中倒油烧热，倒入青椒、红椒炒香，凤爪回锅，再加入适量水烧至凤爪熟软，调入酱油、味精炒匀即可。

仔姜烧鸭

材料 鸭肉300克

调料 子姜片、红椒各20克，葱段15克，老抽6克，生抽5克，糖3克

做法 ①鸭肉治净，剁块，氽烫后捞出；红椒洗净，对半切开。②锅放油烧热，倒入鸭块炒至微黄，加入老抽、生抽、糖炒至发亮，加入没过鸭肉的清水。③盖上盖，待水快干时，加入子姜、红椒、葱段、水，再烧20分钟即可。

滑子菇烧鸭血

材料 鸭血、滑子菇各500克

调料 葱10克，盐、淀粉各3克，鸡精2克

做法 ①滑子菇洗净，焯水后捞出晾凉；鸭血洗净切小块；葱洗净切碎。②锅中倒油烧热，放入滑子菇翻炒，倒入鸭血、葱炒匀，加入适量水烧煮至汁水将干。③加入盐、鸡精烧至入味，用水淀粉勾薄欠炒匀即可。

馋嘴鸭掌

材料 鸭掌300克，黄瓜150克

调料 盐3克，酱油适量，干椒30克，蒜10克，花椒粉5克

做法 ①将鸭掌洗净，切去趾甲；黄瓜洗净，切条；干椒洗净，切段；蒜去皮，洗净。②锅中倒油烧热，放入干椒、蒜爆香。③再放入鸭掌、黄瓜炒匀，掺少许水烧干，再调入盐、酱油、花椒粉，炒熟即可。

黄鱼烧萝卜

材料 黄鱼、白萝卜、羊排、香菜各适量

调料 盐3克，干辣椒15克，料酒5克，醋10克，鸡汤30克，糖适量

做法

1 黄鱼治净，鱼背划刀，加入料酒、盐腌渍；白萝卜去皮，洗净，切块；羊排洗净，砍块。

2 锅中加水、羊排、干辣椒、白萝卜、盐，烧至萝卜软熟后，捞出羊排、萝卜，装盘。

3 锅中倒油烧热，下入黄鱼、料酒、醋、糖、盐、鸡汤，熟后装盘，撒上香菜。

臭豆腐烧鳜鱼

材料 鳜鱼300克，臭豆腐200克

调料 葱末、红椒末、红尖椒、胡椒粉、盐、料酒、姜、淀粉、糖、酱油、红油、味精各适量

做法

1 鳜鱼治净，用盐、胡椒粉、料酒、姜汁腌渍。

2 鳜鱼肚内放入臭豆腐，沾上淀粉上浆，放入油锅中炸至金黄捞出。

3 锅中倒红油烧热，倒入红尖椒、鳜鱼、葱、红椒炒匀，加糖、酱油、味精，用湿淀粉勾薄芡即可。

煎扒油菜黄花鱼

材料 黄花鱼300克，香菇30克，油菜300克

调料 葱、红椒各20克，盐3克，味精1克，淀粉6克

做法

1 黄花鱼治净，划刀，沾上淀粉；香菇去蒂洗净，切粒；红椒、葱洗净切碎；油菜洗净，焯水装盘。

2 锅中倒油烧热，倒入黄花鱼煎至金黄，捞出。

3 锅倒水烧热，倒入红椒、香菇、葱烧至熟，再加入盐、味精调味，最后用水淀粉勾芡，淋在鱼身上即成。

豆腐烧鲫鱼

材料 鲫鱼、豆腐各适量

调料 葱花、花椒粉、豆瓣、辣椒粉、姜末、盐、料酒、水淀粉各适量

做法 ①鲫鱼治净，抹盐；豆瓣剁细。②豆腐洗净，切丁；油锅烧热，下鲫鱼，煎至两面金黄起锅。③油锅烧热，下豆瓣、姜末、辣椒粉炒香，加水烧开，再放鱼、豆腐、料酒同烧入味；锅内下水淀粉勾芡，撒上葱花、花椒粉即可。

豆瓣烧草鱼

材料 草鱼约500克，莲藕150克

调料 豆瓣酱20克，蒜蓉5克，葱白末、酱油、糖、盐、胡椒粉、辣椒油各3克，淀粉适量

做法 ①草鱼治净；莲藕去皮洗净，切成片。②草鱼用盐、酱油、胡椒粉略腌，抹上干淀粉，锅中倒油烧热，下草鱼煎熟盛盘。③炒锅中留底油，下蒜末、豆瓣酱、糖、酱油、辣椒油、水，烧开，放入草鱼、莲藕片烧至熟透，撒上葱白即可。

鱼羊一盘鲜

材料 鱼肉350克，羊肉350克，西蓝花200克

调料 红椒、红椒各15克，料酒5克，盐3克

做法 ①鱼肉洗净，加入盐腌渍；羊肉洗净，切成宽片；西蓝花洗净，掰成朵；青椒、红椒洗净，切小段。②将鱼肉包入羊肉片内，摆盘，蒸熟，取出。③锅中倒油烧热，放入青椒、红椒、西蓝花翻炒，加入料酒、盐、水烧沸，淋在盘中即可。

葱烧武昌鱼

材料 武昌鱼500克，葱20克

调料 盐3克，姜、蒜各5克，味精1克，辣椒酱15克

做法 ①武昌鱼开肚去内脏，洗净，在鱼身两面打上十字花刀；葱、姜、蒜洗净切碎。②锅中倒油烧热，加入姜、蒜炒香，倒入辣椒酱炒出红油，放入武昌鱼煎至金黄色。③倒入水，调入盐、味精烧至入味，撒上葱花即可。

干烧带鱼

材料 带鱼350克，白萝卜、青豆、胡萝卜各50克

调料 葱10克，料酒、盐各3克，高汤、酱油各适量

做法

1. 带鱼去内脏洗净切块；白萝卜、胡萝卜洗净切丁；青豆泡水；葱洗净切碎。
2. 带鱼用料酒、酱油、盐拌匀，放入油锅炸至金黄色盛起。
3. 另起锅留底油烧热，下入青豆、白萝卜丁、胡萝丁炒匀，再下入带鱼，加高汤烧熟，撒上葱花即可。

红烧带鱼

材料 带鱼500克

调料 盐、糖各3克，料酒5克，葱、红辣椒、淀粉各10克，姜、蒜各适量

做法

1. 带鱼、葱洗净切段；红辣椒洗净切小块。
2. 带鱼用盐、料酒略腌，用葱、姜、蒜、盐、糖、料酒、淀粉调味汁。
3. 锅中倒油烧热，放入红辣椒炒香，倒入带鱼煎至金黄，放入葱段翻炒。
4. 加入味汁，烧至汤汁浓稠即可。

鱿鱼烧茄子

材料 鲜鱿鱼、茄子各250克

调料 盐2克，酱油、红椒、青椒、高汤各适量

做法

1. 将鲜鱿鱼洗净，切片；茄子去皮，洗净，切块；红椒、青椒洗净，去子切片。
2. 锅中油烧热，放入鲜鱿鱼、茄子、红椒、青椒，翻炒片刻。
3. 最后放入盐、酱油、高汤，烧至熟透即可。

蒸菜

蒜蓉粉丝娃娃菜

材料 粉丝 300 克，娃娃菜 350 克

调料 蒜 20 克，葱 15 克，鸡汤 200 克，盐 3 克，香油 10 克

做法

1 粉丝泡软，洗净，装在盘底；娃娃菜一剖为四，洗净，放在粉丝上；蒜去皮，洗净，剁成蓉；葱洗净，切碎。

2 炒锅中倒油烧热，放入蒜蓉、盐炒香，淋在娃娃菜上，再入鸡汤。

3 蒸 25 分钟，熟后撒上葱花，淋上香油即可。

佛手芽白

材料 大白菜适量

调料 盐 3 克，醋 5 克，红椒 5 克，香油 6 克

做法

1 大白菜洗净，切成条状。

2 红椒洗净切碎。

3 将大白装盘，摆成佛手状。

4 放入盐、醋，撒上红椒上蒸笼蒸至熟，淋上香油即可。

鲜贝素冬瓜

材料 鲜贝 30 克，豌豆 10 克，冬瓜 300 克，蛋清 5 克

调料 盐 3 克，红椒 2 克，淀粉 10 克

做法

1 鲜贝洗净，切丁；冬瓜洗净，去皮切块；碗豆洗净；红椒洗净切丝。

2 冬瓜排入盘中，撒上鲜贝、豌豆和红椒；淀粉加水、盐拌匀，倒入蛋清搅散，倒在冬瓜上。

3 整盘送入蒸锅，隔水大火蒸约 15 分钟至熟即可。

糯米蒸排骨

材料 糯米100克，排骨300克

调料 盐2克，酱油3克，蒸肉粉20克

做法 ①糯米洗净，浸泡后沥干；排骨洗净剁块，抹上盐腌至入味。②糯米中倒入酱油、蒸肉粉拌匀，将排骨均匀地沾上糯米。③将沾好糯米的排骨送入蒸锅蒸熟即可。

豉汁排骨蒸菜心

材料 菜心300克，排骨200克，豆豉适量

调料 葱、红椒各5克，盐2克，酱油10克

做法 ①排骨洗净，剁成小块，用盐、豆豉腌至入味；菜心择好洗净；葱、红椒分别洗净切碎。②将菜心整齐地码入盘中，上面铺排骨。③放入蒸锅蒸20分钟，至熟后取出，淋上酱油，撒上葱花、红椒碎即可。

味菜蒸大肠

材料 猪大肠300克，酸菜100克，橄榄菜20克

调料 青椒、红椒各30克，盐3克，豆豉10克

做法 ①猪大肠洗净切段，抹上盐腌至入味；酸菜切段；青椒、红椒分别切圈。②猪大肠用水略加冲洗，放入盘中，加入酸菜、橄榄菜、青椒、红椒、豆豉和盐拌匀。③放入蒸锅，大火蒸约20分钟，至熟即可。

梅菜扣肉

材料 五花肉500克，梅菜、高汤、荷叶饼各适量

调料 淀粉、老抽各10克，白糖20克，蒜末3克，姜、八角各适量

做法 ①梅菜洗净；五花肉加入姜、八角在沸水中煮30分钟。②热锅热油，放入五花肉，把猪皮的一面煎成金黄，倒入老抽上色；出锅将肉切片。③锅倒油，蒜爆香，放入梅菜、糖炒匀，加入高汤烧5分钟；把梅菜放在肉上，蒸1小时，配荷叶饼食用即可。

开胃猪蹄

材料 猪蹄450克，泡椒、青椒、红椒各40克

调料 味精、盐各5克，香油8克，花椒油15克，鲜汤适量

做法 ①青椒、红椒均洗净，切圈。②猪蹄治净，入沸水氽去血水，捞出控干水分，然后入蒸笼大火蒸烂，取出剁块装盘。③起锅放入鲜汤，加入味精、盐调味，放入泡椒、青椒、红椒、香油、花椒油烧开，淋在猪蹄上即可。

豆花腊肉

材料 豆花300克，腊肉400克

调料 干辣椒、蒜、酱油、姜各5克，花椒、郫县豆瓣酱、葱各10克，糖3克，高汤300克

做法 ①豆花洗净切条；腊肉洗净切片；葱、姜、蒜洗净切成末。②锅中倒油烧热，放入葱、姜、蒜末，干辣椒、花椒煸炒，放入郫县豆瓣酱炒出红油，淋酱油炝锅，倒入高汤，加入糖拌匀，汤汁烧沸。③将原材料装盘蒸约8分钟后，淋上汤汁即可。

金针菇烟肉卷

材料 金针菇150克，烟肉100克，油菜150克

调料 盐3克

做法 ①将金针菇洗净；烟肉洗净，切薄片；油菜洗净。②将金针菇放入烟肉中，卷好，再放入油菜，调入盐、油拌匀。③锅中烧热水，将菜放入锅中蒸熟即可。

咸肉冬笋蒸百叶

材料 咸肉、冬笋、豆皮各300克，香菇100克

调料 鸡精、胡椒粉、盐、水淀粉、香油各适量

做法 ①咸肉切薄片；冬笋洗净，切片，焯烫；豆皮洗净，打结，入开水焯烫后捞出；香菇去蒂，泡发洗净，放开水焯烫后捞出。②冬笋片、豆皮结装盘，上面盖上咸肉片，放上香菇，加入油、鸡精、胡椒粉、盐、水，放蒸锅蒸约10分钟后取出。③用水淀粉勾薄芡，淋上香油即可。

馋嘴鸡

材料 鸡肉400克

调料 盐3克，葱、姜各10克，红椒15克，醋、姜黄粉、酱油各适量

做法

1. 将鸡肉洗净，表面抹上姜黄粉；将葱、姜、红椒洗净，切碎，放入碗中，放入盐、醋、酱油，拌匀。
2. 将鸡肉放入锅中蒸熟，取出，切块。
3. 将备好的酱汁淋在鸡身上，腌渍半小时即可食用。

剁椒蒸乳鸭

材料 乳鸭500克，红剁椒20克

调料 葱、蒜各5克，红油、盐、醋各3克，酱油4克，料酒少许

做法

1. 乳鸭宰杀干净，剖成两半，剁成大块，用料酒、盐、酱油、醋抹匀腌至入味，排入盘中摆放成型。
2. 葱、蒜洗净切碎，加红油拌匀，与剁椒一起淋在摆好的乳鸭上。
3. 整盘放入蒸锅，大火蒸约25分钟至熟即可。

梅菜扣鸭

材料 梅菜200克，鸭400克，油菜100克

调料 盐3克，味精3克，老抽30克，淀粉20克

做法

1. 鸭治净切块，氽熟后捞出沥干；梅菜洗净，切段；油菜洗净，放入沸水中焯过待用。
2. 将熟鸭块排于碗底，放上洗好的梅菜，将盐、味精、老抽、淀粉调成汤汁，浇在上面。
3. 放入蒸锅内蒸20分钟左右取出倒扣，将油菜排在周围即可。

豆豉蒸鳕鱼

材料 鳕鱼1片，豆豉10克

调料 姜1小段，小葱1棵，料酒少量，盐少许

做法

1. 鱼片洗净，拭干水，抹上盐，装入盘内。
2. 姜、葱洗净，皆切细丝。
3. 将豆豉均匀撒在鱼片上，再撒上葱丝、姜丝，淋上料酒。
4. 锅中加水煮开，放入鱼盘，隔水大火蒸6分钟即可。

枸杞蒸鲫鱼

材料 鲫鱼1条，泡发枸杞20克

调料 姜丝、盐各5克，葱花6克，味精3克，料酒4克

做法

1. 将鲫鱼治净，用姜丝、葱花、盐、料酒、味精腌渍入味。
2. 将泡发好的枸杞子均匀地撒在鲫鱼身上。
3. 再将鲫鱼上火蒸至熟即可。

圣女鱼丸

材料 鱼丸300克，油菜30克，圣女果50克

调料 盐2克，淀粉3克

做法

1. 鱼丸洗净沥干；油菜洗净焯熟，捞出摆放在盘中；圣女果洗净，填在油菜的间隔中。
2. 鱼丸放入蒸锅，淀粉加水和盐拌匀，浇在鱼丸上，放入蒸锅蒸约10分钟至熟。
3. 将蒸好的鱼丸倒在油菜和圣女果中间即可。

剁椒武昌鱼

材料 武昌鱼500克，剁椒20克

调料 葱20克，盐3克，红油5克，料酒少许

做法

1. 武昌鱼洗净去鳞去内脏，将鱼头剁下，鱼肉分切成块，抹上盐和料酒腌至入味，摆成造型放入盘中。
2. 葱洗净切碎，和剁椒、红油拌匀，淋到鱼身上。
3. 整盘放入蒸锅，大火隔水蒸约20分钟即可。

浇汁豆腐

材料 豆腐250克，虾仁、瘦肉各100克，豌豆、水发木耳、胡萝卜、黄瓜各50克

调料 盐2克，鸡汤适量

做法

1. 将豆腐洗净，切块；豌豆、虾仁洗净；水发木耳洗净，撕开；瘦肉洗净，切片；胡萝卜、黄瓜洗净，切丁。
2. 锅中水烧热，放入豆腐蒸熟，取出；另起锅热油，倒入鸡汤，放入豌豆、虾、木耳、瘦肉、胡萝卜、黄瓜，加盐煮熟。
3. 将汤汁浇在豆腐上，即可。

雪峻号子鱼

材料 鱼350克，火腿100克

调料 青椒、红椒各15克，葱10克，料酒、酱油各5克，盐、糖各3克

做法

1. 鱼治净，去头和尾，肉切片，用盐、料酒腌渍入味；火腿切片；青椒、红椒和葱洗净，切碎。
2. 鱼头、鱼尾、鱼肉装盘，边缘摆火腿片，入锅蒸10分钟后，取出。
3. 油入锅烧热，倒入青椒、红椒炒香后，加入酱油、糖煮沸，浇在鱼面，撒上葱花即可。

豆花剁椒蒸鱼头

材料 鲢鱼头750克，豆花350克，剁椒50克

调料 姜5克，料酒6克，葱、盐各3克，酱油10克

做法

1. 鱼头洗净切成两半，用料酒、盐腌渍入味；葱、姜洗净切末。
2. 将豆花装入碗内，铺上鱼头，再盖上一层剁椒，入锅蒸20分钟至熟。
3. 取出后淋上酱油，再撒上葱、姜即可。

清蒸鲥鱼

材料 鲥鱼 500 克，胡萝卜、西芹各 20 克，香菇 5 克

调料 盐 3 克，辣椒油 3 克，醋 1 克

做法

1. 鲥鱼治净，剖开成两半；胡萝卜洗净，去皮切花形片；西芹洗净切花形片；香菇洗净。
2. 鲥鱼用盐、醋抹匀，腌至入味，放入盘中；鱼身上摆胡萝卜片和西芹片，放上香菇。
3. 淋上辣椒油，送入蒸锅，大火隔水蒸约 20 分钟至熟即可。

豆腐蒸鱼干

材料 鱼干 500 克，菜心、油豆腐、黑木耳各适量，青椒、红椒各 30 克

调料 盐 3 克，味精 1 克，香油适量

做法

1. 鱼干洗净，切块；菜心洗净，切段；黑木耳泡发，洗净，焯水。
2. 锅中倒油烧热，倒入鱼干炸至金黄色捞出；另起锅中倒油烧热，下入油豆腐炸熟捞出。
3. 菜心装盘，放上油豆腐、鱼干、黑木耳、青椒、红椒，入蒸锅盖上盖。
4. 加入盐、味精，蒸 10 分钟，淋上香油即可。

银鱼蒸丝瓜

材料 银鱼 100 克，丝瓜 300 克

调料 红椒 5 克，香菜 2 克，盐 3 克

做法

1. 银鱼洗净沥干；丝瓜洗净，去皮切段，均匀地抹上盐；红椒洗净切碎；香菜洗净。
2. 丝瓜摆放入盘，将银鱼倒在丝瓜上，撒上红椒和香菜。
3. 整盘放入蒸锅中，大火隔水蒸约 15 分钟至熟即可。

墨鱼蒸丝瓜

材料 墨鱼300克，丝瓜300克

调料 XO酱15克，青椒、红椒各10克，香油适量

做法 ①墨鱼治净；丝瓜去皮，洗净，切成小段；青椒、红椒，去蒂去子，切成丝。②丝瓜摆入盘中，放上墨鱼，倒入XO酱，撒上青椒、红椒丝，然后放入蒸锅。③大火隔水蒸10分钟后取出，淋上香油即可。

蒜蓉墨鱼仔

材料 墨鱼仔450克

调料 蒜30克，剁椒、葱各15克，盐3克，料酒适量

做法 ①墨鱼仔治净，入沸水汆熟后捞出，沥干水分；蒜去皮，洗净，剁成蓉；葱洗净，切碎。②墨鱼仔装盘，放入蒸锅蒸7~8分钟后，取出。③锅中倒油烧热，下入蒜蓉炒出香味，调入盐、料酒翻炒片刻，倒在墨鱼仔上，并放上剁椒、葱花即可。

一品大白菜

材料 大白菜300克，虾仁50克

调料 青椒、红椒各5克，盐3克，淀粉10克

做法 ①大白菜洗净切段；虾仁洗净；青椒、红椒分别洗净切碎；淀粉加水拌匀。②将白菜放入盘中，倒入虾仁、青椒和红椒，加盐拌匀，倒入淀粉水。③将盘送入蒸锅，大火隔水蒸约15分钟至熟即可。

蒜蓉开边虾

材料 鲜虾350克

调料 大蒜20克，葱15克，料酒6克，酱油、盐各5克

做法 ①鲜虾挑去肠泥，洗净，再将虾身剖开，加盐腌渍；蒜去皮，洗净，剁成蓉；葱洗净，切碎。②鲜虾装盘，淋入料酒，撒上蒜蓉，入蒸锅旺火蒸10分钟至熟。③取出，淋上酱油，撒上葱花即可。

炖菜

双蛋浸芥菜

材料 咸蛋、皮蛋各50克，草菇100克，西红柿30克，芥菜200克

调料 盐2克，香菜3克，高汤600克

做法

1. 咸蛋、皮蛋分别去壳切块；草菇、西红柿分别洗净切块；芥菜洗净切段；香菜洗净切碎。
2. 锅中倒入高汤煮沸，下入芥菜和草菇煮熟，倒入咸蛋、皮蛋、西红柿再次煮沸。
3. 下入盐调味，撒上香菜即可。

酥肉炖菠菜

材料 猪肉、菠菜各300克

调料 盐3克，鸡精2克，蛋清1个，淀粉20克，高汤适量

做法

1. 猪肉洗净，切片，加入盐、鸡蛋清、淀粉拌匀，下入油锅中炸至外皮酥脆即捞出沥油；菠菜摘洗干净，切成段。
2. 另起锅加油烧热，放入酥肉稍炒后，倒入高汤炖至熟软，再倒入菠菜煮熟。
3. 加入盐、鸡精调味，起锅即可。

虎皮尖椒煮豆角

材料 尖椒200克，豆角300克

调料 蒜20克，醋10克，糖、酱油各6克，酒5克

做法

1. 尖椒洗净，切去两端；豆角洗净切成长短一致的段；醋、糖、酱油、酒调成味汁。
2. 锅烧热，倒入尖椒、豆角分别炸至呈虎皮状，倒油煸炒盛起。
3. 锅中倒油烧热，倒入豆角、尖椒，加入味汁煮熟即可。

炖牛肚

材料 牛肚300克

调料 小茴香3克，料酒、酱油各5克，醋、盐各3克，花椒适量

做法

1. 牛肚洗净，放入沸水中略煮片刻，取出，剖去内皮，用凉水洗净，切成长方块。
2. 小茴香、花椒装入纱布袋备用。
3. 锅加火烧热，放入牛肚条、药袋，加入酱油、料酒、醋、盐。
4. 炖至牛肚熟烂，取出药袋即成。

牛肉米豆腐

材料 牛肉350克，米豆腐350克，黑木耳200克

调料 葱15克，盐3克，生抽、糖各6克，料酒、酱油各5克

做法

1. 牛肉洗净，切块，汆烫；米豆腐洗净，切块，放入盐开水中浸泡；黑木耳泡发洗净，撕片；葱洗净，切碎。
2. 锅烧热，放牛肉炒至无水后，烹入料酒煸炒，再加入水，煮至牛肉软烂后调味。
3. 放入食材后炖10分钟，撒上葱花即可。

农家大炖菜

材料 鸡、胡萝卜、白萝卜、油豆角、玉米各适量

调料 盐3克，料酒5克

做法

1. 鸡治净，剁成块；白萝卜、胡萝卜去皮，洗净，斜切成块；油豆角去筋，洗净，焯水后捞出；玉米洗净，切成小段。
2. 锅中倒油烧热，倒入鸡块煸炒至白色后，放入清水和料酒，下入玉米、胡萝卜、白萝卜、油豆角一起炖煮2小时。
3. 待汤收干汁后，加盐调味起锅装盘即可。

扬州煮干丝

材料 豆干400克，火腿100克，干虾仁50克，青菜50克，高汤适量

调料 猪油30克，盐2克，料酒3克

做法 ①将豆干洗净，切细丝，放入加了盐的沸水中焯烫后捞出沥干；青菜、虾仁分别洗净；火腿洗净，切丝。②锅烧热，放猪油融化，加高汤，下干丝烧沸，加盐和料酒煮至干丝涨发。③下青菜和虾仁煮熟，将干丝连汤倒在汤盆里，撒上火腿丝即可。

三菇豆花

材料 香菇、草菇、平菇各50克，豆花300克

调料 葱5克，干辣椒、青椒各10克，酱油3克，盐、蚝油各2克

做法 ①三菇分别洗净切块；葱、干辣椒分别洗净切段；青椒洗净切片。②锅中倒油烧热，下入三菇炒熟，下葱段、干辣椒、青椒炒匀。③下盐、酱油和蚝油调味，加适量水煮开，下入豆花煮沸即可。

银锅金穗排骨

材料 玉米200克，排骨350克

调料 洋葱、盐各5克，辣椒10克，红油20克

做法 ①玉米洗净切块；排骨洗净剁块，抹盐腌至入味；洋葱洗净切丝；辣椒洗净切碎。②锅中倒油烧热，下入排骨炒至断生，再下入玉米，加水煮熟。③下盐和辣椒调味，倒入红油，撒上洋葱丝即可。

黄豆猪蹄煲

材料 黄豆200克，猪蹄300克，生菜20克

调料 葱花、黄豆酱各3克，生抽、老抽各适量，冰糖2克，茴香1克

做法 ①猪蹄洗净剁大块，入沸水氽熟备用；黄豆、生菜分别洗净沥干。②锅中倒油烧热，下入猪蹄，加生抽、老抽、黄豆酱翻炒上色，加入黄豆、冰糖和茴香，倒入适量水，焖煮至汁水将干。③生菜洗净，垫在碗底，倒入黄豆猪蹄，撒上葱花即可。

腊八豆猪蹄

材料 猪蹄250克，油菜150克，腊八豆50克

调料 盐3克，葱20克，酱油适量，冰糖10克

做法

1. 将猪蹄洗净，切块；油菜洗净；葱洗净，切碎。
2. 锅中烧热水，放入猪蹄汆烫片刻，捞起。另起锅，油烧热，放入酱油、冰糖炒溶。
3. 放入猪蹄，倒入水焖煮，再放入油菜、腊八豆炒熟，最后调入盐，撒上葱花即可。

茶树菇土鸡煲

材料 茶树菇150克，土鸡肉400克，红枣50克，枸杞30克

调料 盐5克，料酒适量

做法

1. 将茶树菇洗净，切段；土鸡肉洗净，切块，放入盐、料酒腌至入味；红枣、枸杞洗净。
2. 煲中倒水烧热，再放入所有原料，煮熟。
3. 最后调入盐即可。

醋椒农家鸡

材料 净鸡500克

调料 醋、淀粉各6克，姜5克，泡红辣椒20克，盐、酱油各3克，鸡精1克，高汤600克

做法

1. 净鸡洗净切成宽条，用鸡精、淀粉、盐拌匀入味；泡红辣椒、姜洗净切碎。
2. 锅中倒油烧热，加入泡红辣椒炒香，倒入高汤、姜、酱油、醋调匀，倒入鸡肉，煮至变色。
3. 调入盐、鸡精煮至入味即可。

香菜牛肉丸

材料 牛肉300克，青菜、香菜各200克

调料 盐3克，味精2克，淀粉10克，生抽5克，糖、红醋各6克

做法 ①牛肉洗净，剁成泥；香菜洗净，切碎；青菜择洗干净，焯烫。②牛肉装碗，加入盐、味精、糖、水、淀粉、香菜碎，搅打至起胶后，用手挤成丸子。③锅倒水烧热，放入牛肉丸、盐、生抽、糖、红醋，以小火煮至熟后，放入青菜略煮片刻即可。

百味一锅香

材料 牛毛肚150克，腐竹50克，黑木耳、竹笋各20克，黄喉15克

调料 盐3克，干椒15克，高汤200克

做法 ①牛毛肚、黄喉均洗净，切块；腐竹、黑木耳一起泡发，洗净，切成小段；竹笋洗净切条；干椒洗净。②炒锅中倒油烧热，放入干椒爆炒，再加入牛毛肚、腐竹、竹笋、木耳、黄喉一起翻炒均匀。③加入高汤，煮至汁水将干时，调入盐即可。

手抓羊肉

材料 羊肉500克，生菜适量

调料 盐、酱油、香油、辣椒酱、葱末、蒜蓉、葱白丝、红椒丝、香菜段各适量

做法 ①生菜洗净，入盘垫底；羊肉洗净，剁成大块，入沸水锅中煮熟，放在生菜上，撒上葱白、红椒丝、香菜。②辣椒酱与葱末、蒜蓉放入碗中，加入盐、酱油、香油调匀，做成味汁。③羊肉与味汁一起端上桌即可。

油淋土鸡

材料 鸡450克，辣椒丝10克

调料 卤水200克，香菜段、酱油、香油、花椒各10克

做法 ①鸡治净，氽水后沥干待用。②煮锅加卤水烧开，放入整鸡，大火煮10分钟，熄火后再焖15分钟，捞出待凉后，斩块装盘。③油锅烧热，爆香花椒、辣椒丝，加酱油、香油炒匀，出锅淋在鸡块上，再撒上香菜即可。

爽口牛肉

材料 牛肉350克，酸菜200克

调料 姜、蒜各20克，葱、青椒、红椒各15克，料酒5克，盐3克，味精、胡椒粉各2克，香油5克，鸡汤200克

做法

1. 牛肉、姜洗净，切片；大蒜去皮洗净；葱、辣椒洗净，切成细丝；酸菜洗净，切段。
2. 沙锅倒入鸡汤，下入姜片、蒜、牛肉烧沸，再加入料酒，牛肉八成熟后放入酸菜同煮。
3. 加入盐、味精、胡椒粉煮熟后，放入香油、葱丝、青红椒丝即可。

嘉州红焖乌鸡

材料 净乌鸡350克，鱼丸200克

调料 干椒10克，葱白10克，料酒5克，醋5克，老抽3克，盐3克

做法

1. 净乌鸡洗净剁成块，汆水后捞出；葱白洗净切段；干椒洗净切碎；鱼丸洗净。
2. 锅中倒油烧热，下入干椒爆香，倒入鸡块煸炒至变色后，加入料酒、醋、老抽翻炒，然后倒入开水、鱼丸煮至熟。
3. 加入盐调味，撒上葱段即可。

当归香口鸡

材料 鸡350克，当归20克，西蓝花150克

调料 盐3克，酱油适量，葱20克，陈醋10克，高汤适量

做法

1. 鸡治净；当归洗净；葱洗净，切碎；西蓝花洗净，切成朵，入沸水中焯熟。
2. 将鸡肉、当归放入锅中加适量水煮熟，然后把鸡拿出，切块。
3. 将盐、酱油、陈醋、高汤调成调料，淋在鸡肉、当归上，撒上葱，以西蓝花围边即可。

红焖土鸡

材料 净土鸡600克

调料 料酒、盐各3克，姜、生抽、老抽各5克，蒜、辣椒酱各10克，糖6克

做法 ①净土鸡洗净切块；姜洗净切片；蒜洗净分成瓣。②鸡块用姜、料酒、盐、生抽抓匀，腌渍入味；锅中倒油烧热，放入辣椒酱爆香，放入鸡块煸炒至肉收缩，倒入水，焖煮至肉酥。③加入蒜、盐、糖、老抽煮至入味即可。

野山椒煨鸡

材料 鸡肉400克，野山椒20克

调料 红辣椒10克，大蒜5克，盐2克，酱油3克

做法 ①鸡肉洗净剁块，加盐拌匀腌渍；野山椒、红辣椒分别洗净切段；大蒜洗净切粒。②锅中倒油烧热，下入鸡肉炒至变色，加入野山椒和红辣椒炒熟。③下大蒜、盐和酱油炒入味，加适量水焖煮至鸡肉熟软，即可出锅。

山菌烩鸭掌

材料 鸭掌300克，平菇、香菇、猴头菇各20克，胡萝卜30克，油菜100克

调料 盐3克，酱油2克

做法 ①鸭掌洗净切块；平菇、香菇和猴头菇分别洗净切块；胡萝卜洗净切条；油菜洗净。②锅中倒油烧热，下入鸭掌炒熟，加其余原料翻炒，下入盐、酱油调味。③再加适量清水，焖煮约15分钟后即可出锅。

芋头烧鹅

材料 鹅肉500克，芋头6个

调料 盐、料酒、生抽、胡椒粉、十三香各5克，香油10克，红椒1个，蒜3瓣，姜1块，葱2根

做法 ①将鹅肉洗净，剁成块状；芋头去皮，洗净；红椒切成片状，蒜去皮；姜切片；葱切段。②锅中水煮沸，下入剁好的鹅块煮约40分钟，至熟后捞起。③热油锅，爆香姜片、蒜、葱、红椒，下入鹅块和其他调味料，加芋头和水炖至软烂即可。

煎焖黄鱼

材料 黄鱼400克

调料 大葱5克，淀粉5克，盐3克，酱油3克

做法 1 黄鱼洗净，去鳞、内脏和鳃，加盐、酱油腌渍；大葱洗净切段；淀粉加水拌匀。2 锅中倒油烧热，下入黄鱼煎熟。3 再加入适量水，炖约10分钟后出锅，撒上大葱段即可。

特色水煮鱼

材料 鲫鱼500克，红椒、青椒各20克

调料 盐、料酒、淀粉、鸡精、胡椒粉、椒盐粉各适量

做法 1 鲫鱼治净，鱼头剁下，对半剖开，鱼肉切成片，用盐、料酒、淀粉抓匀，腌15分钟；青椒、红椒洗净，斜切成圈。2 锅中倒油烧热，下入鱼头入锅翻炒两下，倒入水、盐，煮至汤沸出味，然后投入鱼片、青红椒圈，煮至熟。3 放入鸡精、胡椒粉、椒盐粉调味，出锅即可。

碧波酸菜鱼

材料 草鱼500克，酸菜500克，青椒、红椒各30克

调料 酸菜鱼调料包30克，盐、料酒、糖、姜各适量

做法 1 草鱼洗净剔去鱼骨，切薄片；酸菜洗净切条；姜洗净切丝；青椒、红椒均洗净，切块。2 草鱼加入盐、料酒、姜丝拌匀，腌渍15分钟。3 锅中倒油烧热，加入酸菜翻炒，倒入调料包、水搅匀，加盖煮沸。4 加糖，倒入草鱼片、青椒、红椒拌匀，大火煮沸至鱼片熟即可。

葱焖鲫鱼

材料 鲫鱼约400克，葱段150克

调料 料酒、酱油、鲜汤、味精各适量，水淀粉15克

做法 1 鲫鱼治净，切花刀。2 锅中注油烧热，下鲫鱼两面煎透。3 放入葱段煸出香味，加料酒、酱油、鲜汤、味精，以中火煮10分钟。4 用水淀粉勾芡，出锅装盘即可。

煎菜

笋丁煎蛋

材料 鸡蛋3个，鲜笋100克，黑木耳50克

调料 盐3克，味精1克，料酒、生抽各5克，葱少许

做法

1 鸡蛋打入碗中加盐调匀；鲜笋洗净，切丁放入蛋液中搅匀；黑木耳泡发撕片；葱洗净，切花。2 油锅烧热，倒入蛋液、鲜笋煎成厚蛋皮，切成三角形装盘；用余油将黑木耳炒熟，盛入盘中。3 锅内烹入料酒，加盐、味精、生抽炒匀，将味汁浇在蛋皮上，撒上葱花即可。

黄焖煎豆腐

材料 豆腐400克

调料 蒜苗10克，红辣椒5克，淀粉5克，盐3克，酱油少许

做法

1 豆腐洗净切成大片；红辣椒洗净切碎；淀粉加水拌匀；蒜苗洗净切段。2 锅中倒油烧热，下入豆腐煎至两面金黄色，盛出。3 原锅再下蒜苗、红椒、酱油和盐炒熟，倒入豆腐一起炒匀，倒入水淀粉勾芡即可。

煎豆腐

材料 老豆腐300克，猪瘦肉50克

调料 盐5克，老抽5克，淀粉15克，红椒1个，姜片10克，葱段15克，香油、清汤适量

做法

1 老豆腐洗净，切成厚块；猪瘦肉洗净，切片；红椒切片。2 平锅烧热放油，下入豆腐块，用小火煎至两面金黄，盛出。3 锅中再烧油，放入姜片、肉片、红椒片煸出香味；注入清汤，加入豆腐，用中火焖，再调入盐、老抽煮透；用淀粉勾芡，撒入葱段翻匀，淋入香油即可。

鸡汁煎酿豆角

材料 鸡肉250克，豆角400克

调料 盐3克，淀粉20克，辣椒酱适量

做法 ①鸡肉洗净剁成末，加盐和少许淀粉拌匀；豆角洗净，分别绕成圈。②取适量鸡肉塞入豆角圈中。③锅中倒油加热，下入鸡肉豆角煎至五成熟，抹上辣椒酱，放入蒸锅蒸熟，取出勾芡即可。

豆角煎蛋

材料 豆角200克，鸡蛋4个，红辣椒2只

调料 盐5克，胡椒粉3克，香油10克

做法 ①先将豆角洗净，切成细末；红椒切成末；鸡蛋打散，放入少许盐调匀，备用。②锅内放水烧热，加入盐、胡椒粉，将切好的豆角末、红椒末过水，捞起，和鸡蛋一起拌匀。③将平底锅烧热，放少许油，将已拌匀的鸡蛋液倒入锅内煎熟，最后，淋入香油，即可。

香椿煎蛋

材料 香椿芽120克，鸡蛋3个

调料 盐3克，生抽10克

做法 ①香椿芽洗净，去除老叶，入沸水中焯一下，切成碎末。②鸡蛋打入碗中，加入香椿芽、盐、生抽搅匀。③炒锅上火，加油烧至六成热，入鸡蛋液煎至金黄色，捞出，切块，盛盘即可。

香煎牛蹄筋

材料 牛蹄筋100克，鸡蛋5个

调料 红椒10克，葱、盐各3克

做法 ①牛蹄筋洗净，下入锅中煮熟后，捞出切碎，备用；红椒、葱均洗净，切碎。②鸡蛋打散，再加入蹄筋、红椒、葱和盐一起拌匀。③煎锅上火，加油烧热，倒入蛋液，煎至两面金黄色后，盛出切块即可。

干煎翘鱼

材料 翘鱼 750 克

调料 蒜 15 克，干红辣椒 15 克，姜 5 克，盐 5 克，料酒 10 克，酱油 5 克

做法

1. 翘鱼剖肚去内脏洗净；姜、蒜洗净切碎；干红辣椒切碎。
2. 翘鱼用盐、料酒、姜、酱油腌渍；锅中倒油烧热，下入翘鱼煎至两面金黄盛盘。
3. 锅留底油烧热，放入蒜末、干红辣椒炒香，淋在翘鱼上即可。

香煎银鳕鱼

材料 银鳕鱼中段 300 克，生菜 200 克

调料 葱 20 克，盐 3 克，淀粉 10 克，黄油 5 克，柠檬汁 3 克，糖 6 克

做法

1. 银鳕鱼治净，用盐腌渍片刻，两面均裹上淀粉；生菜洗净，铺在盘底；葱洗净，切碎。
2. 锅中油烧热，下入银鳕鱼煎至两面金黄色，装盘。
3. 锅倒入黄油烧热，加入柠檬汁、糖烧热后，倒入葱花拌匀，浇在鱼身上即可。

中式煎银鳕鱼

材料 银鳕鱼 300 克

调料 葱 20 克，盐 3 克，料酒 5 克，白胡椒粉 2 克，淀粉 10 克，美极鲜味汁 5 克，酱油、糖各 6 克

做法

1. 银鳕鱼治净，切块，加入盐、料酒、白胡椒粉腌渍半小时后，裹上一层淀粉；葱洗净，切碎。
2. 锅中倒油烧热，逐个下入鳕鱼块，煎炸约 3 分钟。
3. 倒出煎锅中多余的油，烹入美极鲜味汁、酱油、糖，略收汁后，撒上葱花即可。

香煎带鱼

材料 带鱼 300 克

调料 盐 2 克，酱油 8 克，胡椒粉 5 克，红椒、豆豉各 10 克，葱少许

做法 1 带鱼治净，切段后用酱油、胡椒粉腌渍片刻；葱洗净，切花。2 油锅烧热，放入带鱼煎至两面金黄，加入红椒、豆豉炒匀。3 调入盐，撒上葱花即可出锅。

金珠粒粒香

材料 玉米 500 克，鸡蛋 3 个

调料 盐 3 克，淀粉 20 克

做法 1 玉米掰成小粒，洗净；鸡蛋打散，加入淀粉、盐和少量水拌匀。2 将玉米粒放入鸡蛋中，粘裹上一层面糊。3 锅中加油烧热，下入玉米粒炸至金黄色、酥脆后捞出沥油即可。

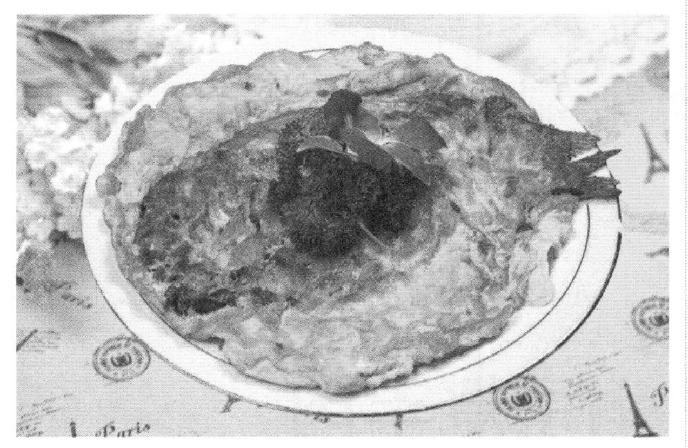

煎焖鲜黄鱼

材料 黄鱼 350 克，鸡蛋 3 个

调料 盐、味精各 3 克，料酒、水淀粉、香油、葱花各 10 克

做法 1 黄鱼治净，加料酒、味精、盐腌渍，用水淀粉上浆，入油锅滑透，盛出。2 鸡蛋磕入碗，放入黄花鱼、葱花搅匀。3 油锅烧热，将混合好的黄花鱼、鸡蛋液倒入锅，煎成饼状，淋入香油即可。

微湖武昌鱼

材料 武昌鱼 500 克，枸杞 3 克

调料 盐 3 克，白醋 2 克，白糖 1 克，辣椒油 5 克

做法 1 武昌鱼治净，用盐抹匀腌渍；枸杞洗净，浸泡后沥干。2 锅中倒油加热，下入白糖炒融化，倒入武昌鱼煎熟。3 下入盐、辣椒油和白醋，翻炒均匀，撒上枸杞即可出锅。

炸菜

九寨香酥牛肉

材料 牛肉 250 克，鸡蛋 2 个

调料 盐 3 克，红椒、葱各 20 克，豆豉 25 克，面包糠、淀粉各适量

做法

1 将牛肉洗净，切片，加盐腌渍入味；鸡蛋洗净，打匀，拌入淀粉搅成鸡蛋糊；红椒、葱洗净，切碎；豆豉洗净。2 将牛肉放入鸡蛋糊中拌匀，裹上面包糠。3 锅中烧热适量油，放入牛肉炸熟，最后撒上红椒、葱、豆豉即可。

老干妈串牛排

材料 牛排 500 克，包菜 300 克，鸡蛋 1 个

调料 老干妈豆豉辣椒酱 15 克，尖椒 20 克，葱 10 克，盐 3 克，味精 1 克，淀粉 6 克

做法

1 牛排洗净，切成厚片，加盐、味精腌渍；葱、尖椒洗净切碎；包菜洗净掰开，铺盘。2 牛排裹上淀粉，刷上蛋液，用竹签串起。3 油烧热，下入牛排，炸至金黄，捞起控干油，装入铺有包菜的盘中。4 油烧热，放入辣椒酱、尖椒翻炒熟，浇在牛排上，撒上葱花即可。

京烧羊肉

材料 羊肉 400 克

调料 盐 4 克，酱油适量，花椒 5 克，八角、茴香各 4 克，桂皮 3 克，大葱 20 克，姜 25 克

做法

1 将羊肉用开水烫一下，捞出；花椒、八角、茴香、桂皮洗净；大葱洗净，切段；姜洗净，切片。2 锅中烧热水，放入羊肉和所有调料，炖至肉入味，捞出。3 锅置火上，烧热油，下入羊肉，炸成金黄色，捞出切片即可。

风味羊排

材料 羊排500克

调料 干辣椒20克，盐3克，淀粉10克，胡椒粉3克

做法 ①羊排洗净，砍成长段，汆水沥干；干辣椒洗净切碎。②羊排用盐、胡椒粉、淀粉拌匀；锅中倒油烧热，倒入羊排，炸到金黄色装盘。③锅中倒油烧热，下干辣椒炒香，再倒入羊排一起翻炒均匀即可。

葱香鸭丝卷

材料 鸭肉350克，葱80克，胡萝卜50克，春卷皮100克

调料 料酒30克，盐3克

做法 ①鸭肉洗净，汆水后晾干切丝，用盐、料酒拌匀；葱、胡萝卜洗净切成细丝。②春卷铺开，放上鸭丝、葱丝、胡萝卜丝卷成长条状。③锅中倒油烧热，放入春卷炸至金黄色取出晾凉，再切成小段即可。

飘香樟茶鸭

材料 鸭500克

调料 盐5克，花椒、樟树叶、茶叶各适量

做法 ①将鸭宰杀治净，盆内放入清水、花椒和盐，将鸭浸渍4小时左右捞出，沸水锅中稍烫，取出晾干水分。②将鸭入熏炉内，以樟树叶、茶叶拌稻草点燃，待鸭皮熏呈黄色取出，置碗中蒸后晾凉。③将鸭入油锅中炸至鸭皮酥香时捞出，切块，摆盘即成。

葱酥鲫鱼

材料 鲜鲫鱼500克，大葱200克

调料 盐3克，味精1克，料酒5克，酱油6克

做法 ①鲫鱼开肚去内脏洗净，大葱洗净切碎。②锅中倒油烧热，放入大葱炒香，捞出葱留葱油，倒入鲫鱼炸至两面呈金黄色捞出。③原锅调入料酒、酱油，再放入鲫鱼回锅，加味精、盐，烧透收汁即可。

东坡脆皮鱼

材料 鲤鱼 500 克

调料 姜 3 克，葱 5 克，香菜 10 克，料酒 5 克，胡椒粉 5 克，盐 3 克，淀粉 5 克，糖 3 克，番茄酱 10 克

做法

1. 鲤鱼治净，两面打上花刀；葱、姜洗净切碎；香菜洗净，切段。
2. 鲤鱼用葱、姜、盐、料酒、胡椒粉腌渍，拣除葱、姜，用水淀粉挂糊，拍上干淀粉。
3. 油烧热，放入鲤鱼，炸至表皮酥脆装盘；锅中加入糖和番茄酱炒匀，浇在鱼上，撒上香菜。

蒜香带鱼头

材料 带鱼头 350 克

调料 青椒、红椒 30 克，盐 3 克，淀粉 10 克，料酒、蒜汁各适量

做法

1. 带鱼头洗净，用盐、淀粉、料酒、蒜汁腌渍入味；青椒、红椒洗净，切碎。
2. 锅中倒油烧热，倒入带鱼头炸至呈金黄色后，捞出装盘。
3. 锅中倒油烧热，放下青椒、红椒炒出香味后，捞出沥油，撒在带鱼头上，即可。

辣椒炸仔鸡

材料 鸡肉 300 克，干红辣椒 30 克，花生仁 50 克

调料 葱 10 克，盐 3 克，酱油、水淀粉、五香粉各适量

做法

1. 鸡肉洗净，切块，加盐、酱油腌渍片刻后，与水淀粉、五香粉混合均匀备用；干红辣椒、花生仁均洗净；葱洗净，切段。
2. 锅下油烧热，入鸡肉炸至熟透后，捞出控油。
3. 另起油锅，入花生仁炸至酥脆后，放入干红辣椒、炸好的鸡块炒匀，装盘，撒上葱段即可。

海苔拖黄鱼

材料 小黄鱼 400 克，海苔碎 30 克

调料 盐 3 克，淀粉 80 克

做法 1 淀粉加水拌成糊状，加入盐和海苔碎混合拌匀。2 小黄鱼治净，抹上少许盐腌渍。3 锅中倒油烧热，将小黄鱼挂上淀粉糊，下入锅中炸透即可。

香炸柠檬豆腐干

材料 豆腐干 300 克，鸡蛋液 60 克

调料 柠檬酱 20 克，盐 3 克，淀粉 10 克

做法 1 豆腐干洗净，用盐、淀粉、鸡蛋液裹匀。2 锅倒油烧至七成热，放入豆腐干炸至金黄色捞出。3 待炸过的豆腐干稍凉后，再用热油炸一遍出锅，加入柠檬酱拌食即可。

小黄鱼黄金饼

材料 小黄鱼 500 克，蒸熟的面饼适量，鸡蛋 1 个

调料 料酒 2 克，盐 3 克，淀粉、椒盐适量

做法 1 小黄鱼治净，加入料酒、盐搅拌均匀后，腌渍20分钟。2 锅倒油烧至四五成热，将蒸好的面饼炸至金黄色，捞出装盘。3 将淀粉、鸡蛋拌匀，小黄鱼双面裹匀；锅中倒油烧热，倒入小黄鱼，炸至酥脆，捞出装盘，与椒盐一起上桌即可。

干炸小黄鱼

材料 小黄鱼适量，鸡蛋 30 克

调料 盐 3 克，味精 1 克，料酒 30 克，淀粉 15 克，面粉 35 克

做法 1 小黄鱼剖肚去内脏洗净，用料酒、盐、味精腌渍入味。2 将鸡蛋、面粉、淀粉搅拌均匀成面糊，下入小黄鱼挂上面糊。3 锅中倒油烧热，放入小黄鱼炸至鱼身两面金黄色，捞出控油即可。

脆椒花生小银鱼

材料 小银鱼、花生米各200克，红辣椒50克

调料 盐3克，鸡精1克，葱30克，胡椒粉3克，熟白芝麻15克

做法

1. 小银鱼、花生米都略冲洗净；红辣椒洗净切小段；葱洗净切段。
2. 锅中倒油烧热，倒入小银鱼、花生米分别炸酥，捞出待凉；锅中倒油烧热，倒入红辣椒，葱爆香，放入花生米、小银鱼回锅炒匀。
3. 调入盐、鸡精、胡椒粉、熟白芝麻，炒拌均匀即可。

飘香银鱼

材料 银鱼300克，花生米200克

调料 红辣椒、香菜各5克，盐3克，淀粉20克

做法

1. 淀粉加水拌成淀粉糊；银鱼治净，撒上盐拌匀腌至入味；红辣椒、香菜分别洗净切碎。
2. 锅中倒油烧热，将银鱼逐条裹上淀粉糊，下入锅中炸至膨胀金黄后捞出，沥油备用。
3. 净锅再倒油烧热，下入银鱼和花生米炒熟，撒上红辣椒和香菜即可。

椒盐九肚鱼

材料 九肚鱼300克，鸡蛋2个

调料 盐3克，料酒适量，胡椒粉3克，椒盐4克，红椒20克，葱15克，面粉、淀粉各适量

做法

1. 将九肚鱼治净，切块；鸡蛋打散，放入面粉、淀粉拌成面糊；红椒、葱洗净，切碎。
2. 九肚鱼加盐、料酒、胡椒粉、椒盐腌渍，放入面糊中，浸泡片刻。
3. 烧热油，放入九肚鱼炸至七成熟，捞起；再用热油爆香红椒、葱，放入九肚鱼炒熟，即可。

第 9 部分

营养汤羹

说起汤，不论是在东方还是在西方，都绝对是餐桌上少不了的一道菜肴，你可以费时地精心炖制一道补汤，也可以迅速地完成一道美味的清汤。一碗精心煲炖的鲜汤，不仅可以让全家人享受到浓香醇厚的滋味，还能成为全家人的家庭保健医师。现在就来学习用合适的食材配出黄金搭档，用科学的方法煲出营养好汤吧。

如何烹制美味营养汤

煲汤前原料的处理方法

煲汤材料品种繁多，干鲜并存，功效各异，不能顺手拿来便用。为了保证煲出来的汤干净卫生，色、香、味俱全，在煲汤前通常要对原材料做一些加工处理，以下介绍几种简单的处理方法。

●宰杀

家禽、野味、水产等原料煲汤前均须宰杀，去除毛、鳞、内脏、淋巴、脂肪等。现在的超市、菜场一般都有这一服务。

●洗净

所有煲汤用的原材料均须彻底洗净，以保证汤的洁净、卫生及饮用者的身体健康。瓜、果、菜类的清洗方法较为简单，去头尾、皮、瓤和杂质，清洗干净即可。有些原料的清洗较为复杂，如猪肺，要经注水、挤压，洗至血水消失、猪肺变白为宜。又如猪肚、牛肚、猪小肚，因其带有黏液和异味，宜用花生油加少量淀粉、盐等反复擦洗，以去除黏液和异味。

●浸泡

煲汤用的原料有很大一部分是干料，即经过晒干或烘干等脱水步骤干制而成的原料。如银耳、菜干、腐竹、淮山等。要使干料的有效成分易于析出，煲汤前必须进行浸泡。浸泡的时间视不同原料而定，干菜类或中药的花草类浸泡时间可稍短，1 小时以内即可，如白菜干、银耳、海带、夏枯草等；坚果、豆类或中药根茎类的浸泡时间应稍长，可浸泡 1 小时以上，如冬菇、蚝豉、淮山、莲子、芡实等。季节不同，浸泡时间也不同，夏季气温较高，干料易于吸水膨胀，浸泡时间可短；冬季气温较低，干料吸水膨胀需时较长，因而浸泡时间可稍长。

●汆水

将经过宰杀和斩件、洗净的原料放入沸水中，稍煮即捞起，用冷水洗净的过程称为汆水。汆水的主要目的在于去除原料的异味、血水、碎骨，使汤清味纯。汆水多用于肉类及家禽等原料。

汤的烹制技巧

●做汤的用水量

煲汤时由于水分蒸发较多，因而煲汤的用水量可多些，其比例大概为 1 ∶ 2。炖汤时，由于要加盖隔水而炖，水分蒸发较少，需要多少汤就用多少水。滚汤用水量要视生滚和煎滚的不同而定，生滚由于需时较短，耗水量少，故汤量可等于用水量；煎滚所需时间稍长，在所需汤量上多加 1 ~ 2 碗水便可。

●做汤的火候

滚汤一般用武火，待汤将要煲好，下肉料后，可将火调小，用慢火滚至肉熟，这样可使肉料保持嫩滑之口感，如果火力太猛，会使肉料过熟而变老。煲汤和炖汤均宜先用武火煲滚，再用文火去煲和炖。

●做汤的时间

民间有“煲三炖四滚熟”之说。也就是煲汤要用 3 小时，炖汤要用 4 小时，滚汤滚至原料熟即可。其实，煲、炖汤的时间要视具体情况而定。若煲、炖瓜、果、菜类的汤，时间可稍短，2 小时左右即可；若煲、炖根茎类的药材或甲壳类动物的汤，煲的时间稍长，一般 3 小时左右。滚汤通常是将原料滚熟即可。

蔬菜汤

皮蛋油菜汤

材料 皮蛋100克，油菜200克，香菇、草菇各50克

调料 盐3克，蒜5克，枸杞5克，高汤400克

做法

1. 皮蛋去壳切块；香菇、草菇分别洗净切块；枸杞洗净；蒜洗净剁碎。
2. 锅中倒入高汤加热，油菜洗净，倒入高汤中烫熟后摆放入盘。
3. 往汤中倒入皮蛋、香菇、草菇、枸杞，煮熟后加盐和蒜调味，出锅倒在油菜中间。

上汤黄瓜

材料 黄瓜300克，虾仁、青豆各100克，火腿50克

调料 盐3克，鸡精1克，高汤500克

做法

1. 黄瓜洗净，去皮切块；虾仁、青豆分别洗净；火腿切片。
2. 锅中倒入高汤煮沸，下入黄瓜和青豆煮熟，倒入虾仁和火腿再次煮沸。
3. 下盐和鸡精拌匀，即可出锅装盆。

黄瓜竹荪汤

材料 黄瓜、竹荪各300克

调料 盐3克，鸡精2克，高汤适量

做法

1. 黄瓜洗净，切成长薄片；竹荪泡发洗净，切成段。
2. 锅倒入高汤煮沸，放入竹荪煮至熟后。
3. 加入盐、鸡精调味，起锅前放入黄瓜，烧开即可。

浓汤竹笋

材料 竹笋300克，荷兰豆50克，红椒30克，肉松5克

调料 盐3克，鸡汤600克

做法

1 竹笋去笋衣，洗净切片；荷兰豆择好洗净；红椒洗净切条。2 锅中倒入鸡汤烧热，下入竹笋煮熟，再加入荷兰豆和红椒一同煮熟。3 下盐调好味，出锅装碗，放上肉松即可。

家乡豆腐钵

材料 油豆腐350克，油菜200克，鲜虾200克

调料 高汤200克，盐3克，鸡精2克，香油5克

做法

1 油豆腐洗净，切成条；油菜洗净，焯水；鲜虾去头、去肠线，洗净。2 锅加高汤烧开，倒入油豆腐、鲜虾煮至虾熟，再放入油菜。3 加入盐、鸡精煮至入味，起锅后淋上香油即可。

蒜瓣豆腐汤

材料 豆腐150克，枸杞25克，蒜瓣40克

调料 盐3克，高汤适量

做法

1 将豆腐洗净，切条；枸杞洗净；蒜瓣洗净，切碎。2 热锅烧油，下入蒜末炒香，再加高汤煮沸，加入豆腐、枸杞煮熟。3 最后调入盐，煮至入味即可。

米汤青菜

材料 米汤300克，青菜50克，枸杞10克

调料 盐3克

做法

1 青菜洗净切碎；枸杞洗净沥干。2 锅中下入米汤煮沸。3 再倒入青菜和枸杞煮熟，加盐调好味即可。

油菜豆腐汤

材料 油菜300克，豆腐350克

调料 高汤350克，盐3克，味精2克，香油5克

做法

1. 豆腐洗净，切成方块，入开水焯后捞出；油菜择洗干净，切成段。
2. 锅中倒油烧热，放入油菜、豆腐，加入高汤，煮沸后转小火，煮至菜熟。
3. 放入盐、味精，装碗，淋上香油即成。

上汤冻豆腐

材料 腊肉50克，鲜虾100克，冻豆腐300克，油菜100克

调料 盐3克，高汤600克

做法

1. 腊肉洗净切片；鲜虾治净；冻豆腐洗净切块；油菜择好洗净。
2. 锅中倒少许油烧热，下入虾炒至发红，倒入腊肉炒出油，倒入高汤煮沸。
3. 下入冻豆腐和油菜煮熟，下盐调好味即可。

酸辣豆腐汤

材料 豆腐350克，酸菜少许，剁椒10克

调料 葱15克，高汤350克，盐3克，味精2克，胡椒粉2克

做法

1. 豆腐切成长条状，焯水后漂洗净；酸菜、葱均洗净，切碎。
2. 锅中加油烧热，下入酸菜炒香，再倒入高汤烧开，放入豆腐条、剁椒煮至豆腐熟。
3. 加入盐、味精、胡椒粉调味，撒上葱花起锅即可。

畜肉汤

上汤美味绣球

材料 猪肉200克，胡萝卜、鸡蛋、香菇各50克，西蓝花、豆腐各100克，皮蛋30克

调料 盐4克，高汤600克

做法

❶猪肉洗净剁成肉末；胡萝卜洗净，去皮切丝；鸡蛋打散，煎成蛋皮后切丝；香菇、西蓝花、豆腐分别洗净切块；皮蛋去壳切块。❷猪肉分团揉成肉丸，裹上胡萝卜丝和蛋皮丝；锅中倒高汤烧沸，下入肉丸和除了皮蛋之外的其余原料煮熟。❸加入盐调味，倒入皮蛋，即可出锅。

豌豆尖汆丸子

材料 猪肉丸子500克，豌豆尖 500克，枸杞10克

调料 香油15克，盐3克，味精2克，高汤500克

做法

❶豌豆尖洗净切段；枸杞洗净。❷锅加入高汤烧热，放入丸子、枸杞煮至肉变色。❸再下入豌豆尖煮熟后，调入盐、味精煮至入味盛起，淋上香油即可。

红汤丸子

材料 猪肉500克，西红柿200克

调料 盐3克，鸡精2克，姜5克，淀粉6克，胡椒粉3克

做法

❶猪肉洗净剁成泥；西红柿洗净去皮切成块；姜洗净切末。❷猪肉加姜末、淀粉、胡椒粉、盐、鸡精、水拌匀捏成丸子；锅加水烧开，倒入丸子煮熟，加入西红柿煮开。❸加入盐、鸡精调味即可。

清汤狮子头

材料 猪肉250克，马蹄50克，鸡蛋50克，豌豆尖20克

调料 盐3克，酱油5克，白醋10克，香油5克

做法 ①猪肉、马蹄洗净，剁碎；豌豆尖择洗干净。②肉碎装碗，打入鸡蛋液，加入马蹄碎、盐、酱油，搅拌至有黏性，用手捏成肉丸子。③锅倒入水烧沸，倒入丸子煮至熟透后，加入豌豆尖略煮，调入盐、白醋煮至入味后起锅，淋上香油即可。

莴笋丸子汤

材料 猪肉500克，莴笋300克

调料 盐3克，淀粉10克，香油5克

做法 ①猪肉洗净，剁成泥状；莴笋去皮，洗净切丝。②猪肉加淀粉、盐搅匀，捏成肉丸子；锅中注水烧开，放入莴笋、肉丸子煮滚。③调入盐，煮至肉丸浮起，淋上香油即可。

清汤手扒肉

材料 带骨羊肉适量

调料 香菜末20克，葱花、姜片各10克，酱油、醋、鸡精、胡椒粉、盐、芝麻油、牛奶各适量。

做法 ①带骨羊肉浸泡后洗净，剁块。②将葱、姜、酱油、醋、鸡精、胡椒粉、盐、芝麻油、水调成汁备用。③锅加入清水，放入羊肉烧开后，撇去浮沫，放入牛奶煮至肉烂。④加入盐、鸡精，撒上香菜出锅，食用时蘸汁即可。

肉丸粉皮汤

材料 肉丸200克，粉皮200克，牛肉100克，水发木耳50克

调料 盐3克，酱油2克，红油10克，香菜8克

做法 ①粉皮泡软，洗净沥干备用；牛肉洗净切片；水发木耳洗净，撕成小块；香菜洗净切碎。②锅中倒油烧热，下入肉丸炸至金黄捞出；净锅倒入适量水，加入肉丸、粉皮、牛肉、木耳煮熟。③倒入所有调味料，煮至入味即可。

酥肉汤

材料 猪肉 300 克，油麦菜 100 克

调料 盐 3 克，淀粉 20 克，香油适量

做法

1. 猪肉洗净，切成片，粘裹上淀粉，下入油锅中炸至酥脆后，捞出。
2. 油麦菜洗净，切成长段备用。
3. 锅中加水烧开，下入酥肉煮开后，再下入油麦菜煮至熟。
4. 加盐调味，淋上香油即可。

锅仔猪肚蹄花

材料 猪肚 200 克，猪蹄 250 克，枸杞 30 克

调料 盐 3 克，料酒适量

做法

1. 将猪肚洗净，切条；猪蹄洗净，切小块；枸杞洗净。
2. 烧热水，放入猪蹄、猪肚汆烫片刻，捞起。
3. 另起锅，烧热适量清水，放入猪蹄、猪肚、枸杞。
4. 调入适量料酒，待熟后，下入盐即可。

砂锅海带炖棒骨

材料 海带 200 克，大棒骨 400 克，枸杞 3 克，红枣 5 克

调料 盐 4 克，鸡精 1 克，葱 3 克

做法

1. 海带洗净切段；大棒骨洗净剁成块，汆水后捞出沥干；葱洗净切段；枸杞、红枣分别洗净备用。
2. 砂锅中倒适量水，下入棒骨大火烧开，加入海带、枸杞、红枣炖煮约 1 个小时。
3. 下盐和鸡精调好味，撒入葱段即可。

土豆排骨汤

材料 土豆200克，胡萝卜100克，排骨400克

调料 香葱5克，盐4克

做法

1 排骨洗净剁块，汆水后备用；胡萝卜、土豆分别洗净，去皮切片；葱洗净切段。2 锅中倒水烧开，下入排骨、土豆、胡萝卜一起开大火煮开，再转小火煮至熟烂。3 最后下盐和葱，调好味后即可出锅。

白萝卜牛肉汤

材料 白萝卜300克，牛肉200克

调料 葱丝3克，红椒丝1克，盐3克，鸡精1克

做法

1 白萝卜洗净，去皮切丝；牛肉洗净切丝。2 锅中倒水烧热，下入白萝卜烫熟，加入牛肉煮熟。3 加入调味料调好味即可。

锅仔金针菇羊肉

材料 羊肉300克，金针菇100克，白萝卜50克

调料 盐4克，香菜20克，姜20克，料酒适量

做法

1 将羊肉洗净，切成薄片；金针菇洗净；白萝卜洗净，切块；香菜洗净，切段；姜洗净，切片。2 锅中烧热水，放入羊肉汆烫片刻，捞起。3 另起锅，烧沸水，放入羊肉、金针菇、白萝卜、姜片、香菜，倒入料酒，煮熟；最后撇净浮沫，调入盐即可。

白萝卜丝汆肥羊

材料 白萝卜100克，肥羊肉片400克

调料 葱10克，盐3克，鸡精1克

做法

1 白萝卜洗净，去皮切丝；肥羊肉片洗净备用；葱洗净切碎。2 锅中倒入适量水烧热，下入萝卜丝煮熟，再下入肥羊片汆至熟透。3 加入盐和鸡精调味，出锅撒上葱末即可。

禽肉汤

鸭架豆腐汤

材料 烤鸭架 300 克，豆腐 200 克，白菜 200 克

调料 葱段 20 克，清汤 200 克，盐 3 克，味精 2 克，胡椒粉 2 克，鸭油 3 克

做法

1. 烤鸭架砍成块；白菜、豆腐均洗净切片。
2. 炒锅倒油烧至七成热，下入鸭架煸炒片刻，倒入清汤烧开，移入瓦煲内，炖煮 10 分钟，下入豆腐片、白菜煮开。
3. 熟后加入盐、味精调味，出锅，撒上葱段、胡椒粉，淋入鸭油即可。

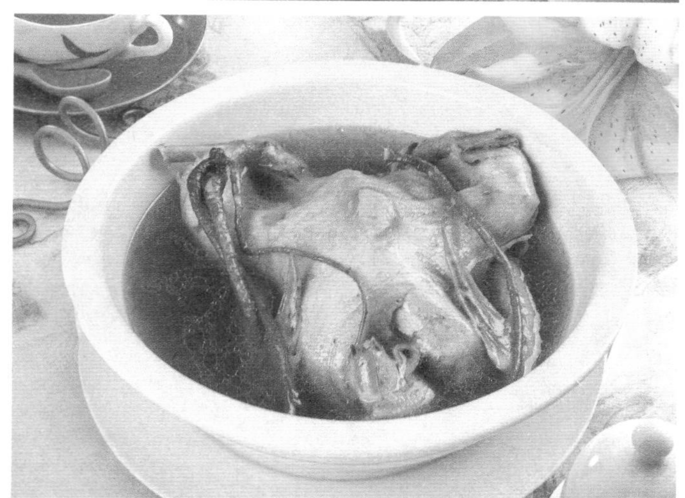

客家炖鸡

材料 鸡 500 克，党参 5 克

调料 盐 4 克，姜 3 克

做法

1. 鸡宰杀治净，下入沸水中汆烫后捞出沥干；党参洗净沥干；姜洗净拍破。
2. 锅中倒水烧开，下入鸡和党参、姜炖煮约 2 小时。
3. 出锅，加盐调好味即可。

白果炖乌鸡

材料 乌鸡肉 300 克，白果 10 克，枸杞 5 克

调料 盐 3 克，姜 2 克

做法

1. 乌鸡肉洗净切块；白果和枸杞分别洗净沥干；姜洗净，去皮切片。
2. 乌鸡块、白果、枸杞和姜片放入锅中，倒入适量水，加盐拌匀。
3. 用大火煮开，转小火炖约 30 分钟即可。

冬瓜山药炖鸭

材料 净鸭500克，山药100克，枸杞25克，冬瓜10克

调料 葱5克，姜2克，料酒15克，盐3克，味精2克

做法

1. 净鸭洗净剁成块，汆水后沥干；山药、冬瓜均去皮洗净切成块；葱洗净切碎；枸杞洗净；姜洗净切片。
2. 锅加水烧热，倒入鸭块、山药、枸杞、冬瓜、姜、料酒煮至鸭肉熟。
3. 调入盐、味精入味，盛盘撒上葱花即可。

杭帮老鸭煲

材料 老鸭200克，油菜100克，竹笋150克，金华火腿片100克

调料 盐4克

做法

1. 将老鸭洗净，斩成块；竹笋洗净，切片；金华火腿洗净切片；油菜洗净。
2. 砂锅加水烧开，下入鸭肉、火腿煮开，再放入笋片。
3. 煮至快熟时，下入油菜，待各种材料熟透，调入盐即可。

老鸭汤

材料 净鸭500克，竹笋100克，党参100克，枸杞20克

调料 香油5克，味精2克，盐3克

做法

1. 净鸭洗净，汆水后捞出；竹笋洗净，切成片；党参、枸杞泡水，洗净。
2. 砂锅倒入开水烧热，下入鸭子、竹笋、党参大火炖开后，改小火炖2小时至肉熟。
3. 撒入枸杞，用旺火煮开，放入盐、味精调味起锅，淋上香油即可。

谭府老鸭煲

材料 鸭肉400克，腊肉100克，油菜200克，枸杞10克

调料 盐3克，高汤800克

做法

①鸭肉治净，剁成大块；腊肉洗净切片；油菜洗净；枸杞洗净。②锅中倒入高汤烧开，下入鸭肉、腊肉、油菜和枸杞煮熟。③加盐调味，再次煮沸即可。

豆花老鸡汤

材料 净鸡500克，豆花300克

调料 盐3克，味精1克，胡椒粉1克，香油5克，清汤500克，葱5克

做法

①净鸡洗净切块；葱洗净切碎。②锅内倒入清汤，放入鸡块烧至熟透。③再舀入豆花用小火稍煮，调入盐、味精、胡椒粉入味，撒上葱花盛盘，淋上香油即可。

天麻炖乳鸽

材料 乳鸽300克，天麻20克，枸杞3克，党参10克

调料 盐3克

做法

①乳鸽治净；天麻洗净切片；党参、枸杞分别洗净。②锅中倒水加热，下入乳鸽、天麻、党参和枸杞一起大火煮开。③转小火炖煮约半小时，待熟后加盐调味即可出锅。

菠萝煲乳鸽

材料 乳鸽350克，菠萝150克，火腿60克，芡实50克

调料 精盐少许，味精3克，高汤适量

做法

①将乳鸽洗净斩块，菠萝洗净改小块，火腿切片，芡实洗净备用。②净锅上火倒入高汤，调入精盐、味精，加入乳鸽、芡实、菠萝煲至熟，撒入火腿即可。

海鲜汤

鱼吃芽

材料 鱼350克，黄豆芽、肥羊片各适量、香菜末60克

调料 葱花20克，红椒粒15克，盐3克，猪油5克，味精3克，白胡椒粉3克

做法 1 鱼治净，鱼肉切片，用盐腌渍半小时；肥羊片洗净；黄豆芽去尾部，洗净。2 锅中放入清水烧开，放入鱼煮3分钟，再加入猪油烧开，下入豆芽煮熟。3 加入肥羊片汆熟，加入盐、味精、白胡椒粉调味，撒上香菜、葱花、红椒粒，出锅即可。

灌汤鱼片

材料 鱼肉300克，酸菜50克

调料 盐3克，泡椒20克，红椒20克，葱15克，姜20克

做法 1 将鱼肉洗净，切片；酸菜、葱洗净，切段；泡椒洗净；红椒洗净切块；姜洗净，切片。2 锅中加油烧热，下入酸菜、泡椒、红椒、姜片炒香，再掺适量水煮开。3 下入鱼片，煮至熟，再调入盐、葱花即可。

宋嫂鱼羹

材料 鲈鱼600克，熟竹笋、水发香菇、蛋黄液各适量

调料 葱15克，料酒10克，酱油15克，醋15克，盐3克，味精2克，鸡汤250克，淀粉30克

做法 1 鲈鱼治净，沿脊背剖开。2 鲈鱼装盘，加入料酒、盐，蒸熟后取出，拨碎鱼肉，除去皮骨，将蒸汁倒回鱼肉中。3 锅中油烧热，加入鸡汤煮沸，调入料酒，放入竹笋、香菇，鱼肉连同原汁入锅。4 加入蛋黄液、其余调味料，煮熟起锅即可。

香菜鱼片汤

材料 鱼肉 300 克，香菜 50 克，蘑菇 200 克

调料 盐、胡椒粉各 3 克，料酒、淀粉各 6 克，香油少许

做法 ①鱼肉洗净，切成片，用料酒、盐、淀粉抓匀，腌渍10分钟；香菜洗净；蘑菇洗净，撕成片。②锅中倒入清水煮开后，倒入蘑菇，用大火煮开后，倒入鱼片，用勺摊匀，放入香菜，再次煮开。③加入盐、胡椒粉调味，淋上香油出锅即可。

锅仔白萝卜鲫鱼

材料 鲫鱼 350 克，白萝卜 100 克

调料 盐 4 克，红椒 20 克，香菜 20 克

做法 ①将鱼宰杀，去鳞、内脏，洗净；白萝卜洗净，切丝；红椒洗净，去子切丝；香菜洗净，切段。②锅中倒油烧热，放入鲫鱼煎至两面金黄。③锅中加入适量清水煮沸，放入鲫鱼、白萝卜、红椒煮熟，调入盐，撒上香菜即可。

白萝卜丝煮鲫鱼

材料 鲫鱼 400 克，白萝卜 100 克

调料 盐 4 克，鸡精 1 克，葱 5 克，红椒 2 克

做法 ①白萝卜洗净，去皮切丝；葱、红椒分别洗净切丝。②鲫鱼宰杀治净，下热油锅略煎，再加适量水煮开。③最后下萝卜丝煮熟，加盐和鸡精调味，撒上葱丝和红椒丝即可出锅。

美容西红柿鲈鱼

材料 鲈鱼 400 克，西红柿 50 克，金针菇 100 克

调料 盐 3 克，糖 2 克，葱少许

做法 ①鲈鱼洗净切片；西红柿洗净切块；金针菇洗净；葱洗净切碎。②锅中加油烧热，下入西红柿炒至成沙状，再加适量水烧开，然后下放鱼片和金针菇。③煮熟后，下盐、糖调好味，撒上葱花即可出锅。

蘑菇鲈鱼

材料 鲈鱼500克，蘑菇200克，油菜100克，西红柿200克

调料 高汤250克，料酒、盐、味精各适量，胡椒粉2克

做法

1. 鲈鱼剖肚去内脏，洗净，两面划刀；蘑菇、油菜洗净；西红柿洗净，切片。
2. 锅中倒油烧热，放入鲈鱼煎至金黄色，倒入高汤，加入料酒烧沸，再加入蘑菇、油菜、西红柿煮至熟。
3. 最后加入盐、味精、胡椒粉调味即成。

汤羊肉丸海鲜粉丝

材料 羊肉丸150克，粉丝200克，虾仁、蟹肉棒、平菇各50克，油豆腐10克

调料 盐3克，鸡精1克，香菜末5克

做法

1. 羊肉丸、虾仁分别洗净；粉丝泡软后沥干；蟹肉棒去包装后切块；平菇洗净切片。
2. 锅中倒入适量水烧开，下入羊肉丸和粉丝煮熟，继续倒入虾仁、蟹肉棒、平菇、油豆腐全部煮熟。
3. 下入盐和鸡精调味，出锅撒上香菜即可。

东海银鱼羹

材料 银鱼300克，芹菜30克，香菇50克，鸡蛋50克

调料 盐4克，料酒15克，味精2克，胡椒粉5克，淀粉10克，红椒15克

做法

1. 银鱼洗净沥干；芹菜、香菇、红椒洗净剁碎；鸡蛋取蛋清备用。
2. 锅加水烧热到沸腾，倒入银鱼、芹菜、香菇、红椒。
3. 调入盐、味精、料酒、胡椒粉入味，用淀粉勾芡成羹状，把鸡蛋清打散倒入搅成花状即可。

雪里蕻炖带鱼

材料 雪里蕻 200 克，带鱼 350 克

调料 盐 3 克，味精 2 克，胡椒粉 3 克，香油 5 克

做法

1 雪里蕻择洗干净，切小段；带鱼治净，切成块。2 锅中倒油烧热，下入带鱼块，煎至两面微黄捞出控油；锅留油烧热，加入雪里蕻、带鱼、清水烧开。3 加盐、味精、胡椒粉调味，即可。

榨菜豆腐鱼尾汤

材料 草鱼尾 300 克，榨菜 50 克，板豆腐 2 块

调料 熟花生油适量，盐、香油各 5 克

做法

1 榨菜洗净切薄片；豆腐用清水泡过倒掉水分，撒下少许盐稍腌后，每块分别切成四方块备用。2 草鱼尾去鳞洗净，用炒锅烧热花生油，下鱼尾煎至两面微黄。3 锅中注入水煮滚，放入鱼尾、豆腐、榨菜，再煮沸约 10 分钟，以盐、香油调味即可。

海皇干贝羹

材料 干香菇 50 克，干贝 50 克，鸡蛋 3 个，菜心梗 50 克

调料 盐 3 克，淀粉 20 克，醋适量

做法 1 将干香菇洗净，泡发，切丁；干贝泡发，洗净，撕成丝；鸡蛋洗净，取蛋清，打匀；菜心梗洗净，切丁。2 锅至火上，倒入适量清水煮沸，放入蛋清以外所有原料，勾芡成羹状，再加入蛋清拌匀。3 最后下入盐、醋调味，即可。

蛤蜊汆水蛋

材料 蛤蜊 350 克，鸡蛋 200 克

调料 葱 20 克，姜 10 克，盐 3 克

做法 1 蛤蜊洗净；鸡蛋打散搅匀；姜洗净切片；葱洗净切花。2 锅中加油烧热，下入姜片爆香，再下入蛤蜊炒至开口，加入适量水煮开。3 淋入鸡蛋液，煮至蛋液凝固，加盐调味，撒上葱花即可。

第10部分

中式点心

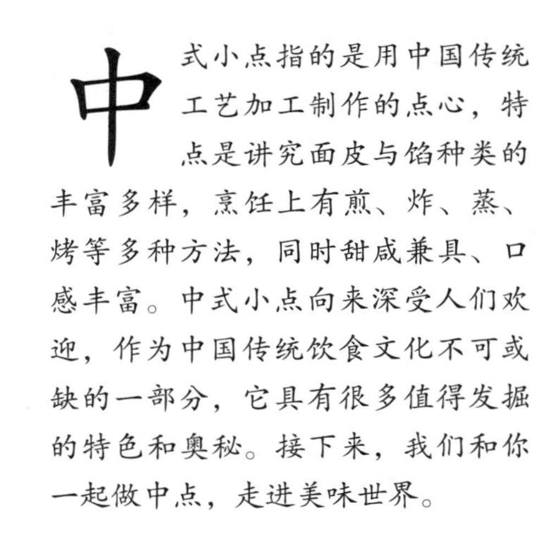

中式小点指的是用中国传统工艺加工制作的点心，特点是讲究面皮与馅种类的丰富多样，烹饪上有煎、炸、蒸、烤等多种方法，同时甜咸兼具、口感丰富。中式小点向来深受人们欢迎，作为中国传统饮食文化不可或缺的一部分，它具有很多值得发掘的特色和奥秘。接下来，我们和你一起做中点，走进美味世界。

饼

芝麻烧饼

材料 面粉 500 克，芝麻适量

调料 鸡蛋 1 个，糖 50 克，猪油 25 克，叉烧馅适量

做法

1. 面粉过筛开窝，加糖、猪油、鸡蛋、清水拌至糖溶化。
2. 拌入面粉边拌边搓，揉搓至面团光滑。
3. 用保鲜膜包好，醒发约 30 分钟。
4. 将面团分切成 30 克 / 个的小剂。
5. 压薄包入叉烧馅。
6. 将收口捏紧。
7. 然后粘上芝麻。
8. 排入烤盘，醒发一会儿，烤熟后出炉即可。

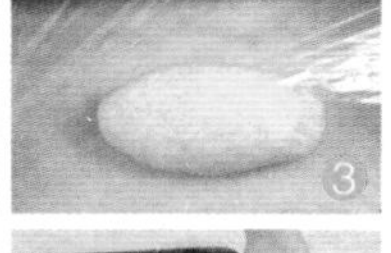
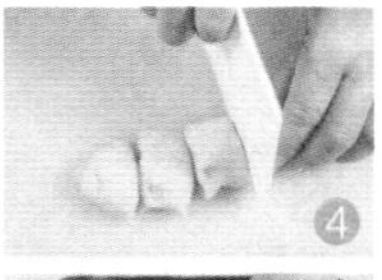
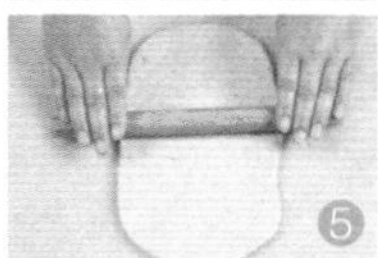

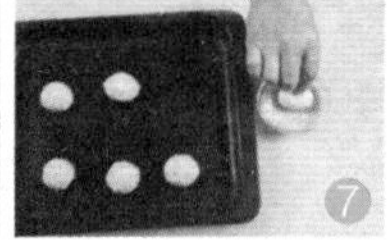
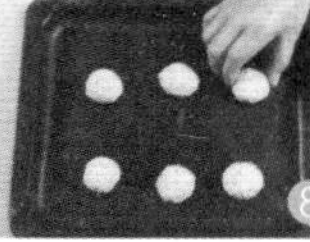

香煎玉米饼

材料 澄面、糯米粉、玉米、马蹄、胡萝卜、猪肉各适量

调料 盐、生油、麻油、糖、淀粉、鸡精各适量

做法

1. 清水煮开，加入澄面、糯米粉。
2. 烫至没粉粒状后倒在案板上。
3. 然后搓匀至面团光滑。
4. 将面团搓成长条状，分切成 3 段面团压薄备用。
5. 馅料切碎，加入调料拌匀。
6. 用薄皮将馅包入。
7. 将口收紧捏实。
8. 蒸熟取出，晾透后用平底锅煎成浅金黄色即可。

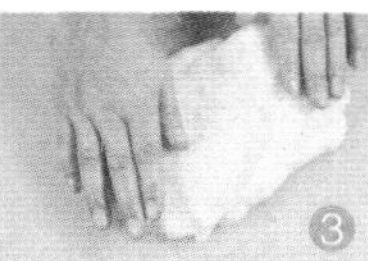
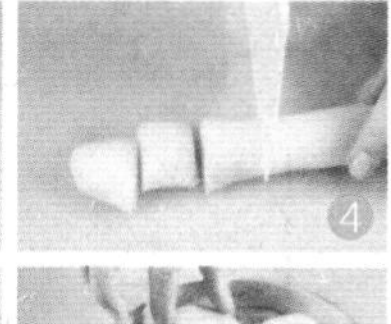

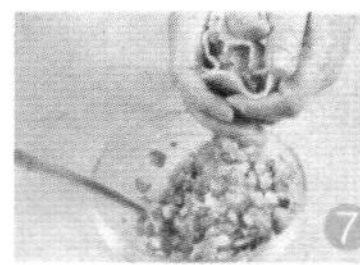

香葱烧饼

材料 面粉 500 克，泡打粉 15 克，芝麻适量

调料 砂糖、酵母粉、牛油、鸡精、葱各适量

做法

1. 面粉、泡打粉过筛开窝，加入糖、酵母粉、清水。
2. 搅拌至糖溶化，然后将面粉拌入。
3. 揉搓成光滑面团后用保鲜膜包好，醒发一会儿。
4. 把馅料切碎拌匀。
5. 将面团擀薄并抹上葱花馅。
6. 卷成长条状。
7. 分切成约 40 克 / 个的小剂，并在小剂上，抹上清水。
8. 粘上芝麻，放入烤盘内，烘烤至金黄色即可出炉。

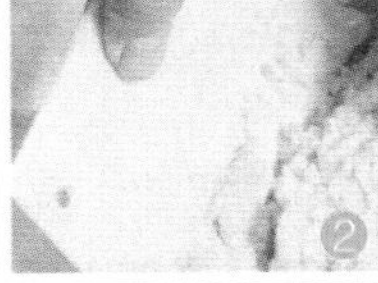

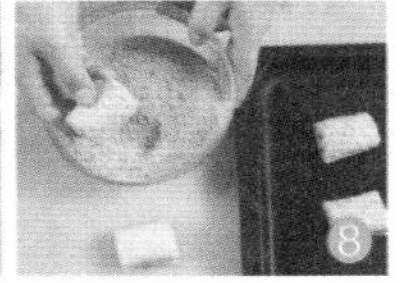

炸莲蓉芝麻饼

材料 低筋面粉 500 克，熟芝麻、莲蓉馅适量，砂糖 100 克

调料 泡打粉 4 克，干酵母粉 4 克，改良剂 25 克，芝麻适量，清水 225 克

做法

1. 低筋面粉、泡打粉混合开窝，加糖、酵母粉、改良剂、清水拌至糖溶化。
2. 将面粉拌入搓匀，揉至面团光滑。
3. 用保鲜膜包好，醒发一会儿。
4. 将面团分切成 30 克 / 个的小剂，压薄备用。
5. 莲蓉馅与熟芝麻混合成芝麻莲蓉馅。
6. 用面皮包入馅料，将包口捏紧后粘上芝麻。
7. 然后用手压成小圆饼形。
8. 蒸熟，等晾凉后炸至浅金黄色即可。

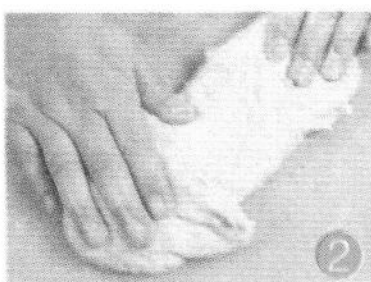
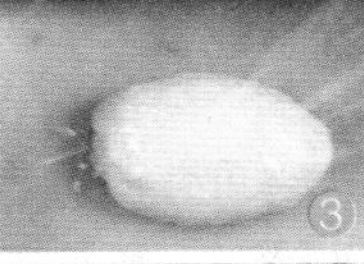
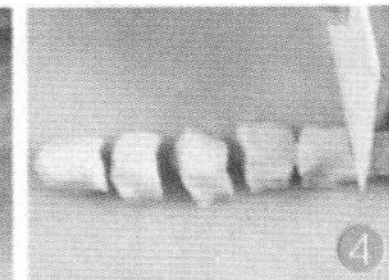

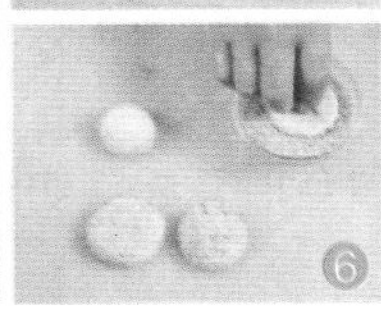

葱饼

材料 面粉 300 克，鸡蛋 2 个，胡萝卜 20 克

调料 葱 10 克，盐 3 克

做法

1. 鸡蛋打散；胡萝卜洗净切丝；葱洗净后取葱白切段。
2. 面粉加适量清水拌匀，再加入鸡蛋、胡萝卜、盐、葱白段一起搅匀成浆。
3. 煎锅上火，下入调好的鸡蛋浆煎至两面金黄色后，取出切成块状即可。

蔬菜饼

材料 面粉 300 克，鸡蛋 2 个

调料 香菜、胡萝卜、盐、香油各适量

做法

1. 鸡蛋打散；香菜洗净；胡萝卜洗净切丝。
2. 面粉加适量清水调匀，再加入鸡蛋、香菜、胡萝卜丝、盐、香油调匀。
3. 锅中注油烧热，放入调匀的面浆，煎至金黄色后起锅，切块装盘即可。

煎饼

材料 面粉 300 克，瘦肉 30 克

调料 鸡蛋 2 个，盐、香油各 3 克

做法

1. 瘦肉洗净切末；鸡蛋装碗打散。
2. 面粉兑适量清水调匀，再加入鸡蛋、瘦肉末、盐、香油一起拌匀成面浆。
3. 油锅烧热，放入面浆，煎至金黄色时，起锅切块，装入盘中即可。

土豆饼

材料 土豆 40 克，面粉 120 克

调料 盐 2 克

做法

1. 土豆去皮洗净，煮熟后捣成泥备用。
2. 将土豆泥、面粉加适量清水拌匀，再加入盐揉成面团。
3. 将面团做成饼，放入油锅中煎至两面呈金黄色，起锅装盘即可。

鸡蛋灌饼

材料 饼 2 张，鸡蛋 2 个

调料 盐 3 克，水淀粉适量

做法

1 鸡蛋打散装碗，加入盐拌匀，下入油锅中炒散备用。

2 取一张饼，铺上炒好的鸡蛋，再盖上另一张饼，将边缘处以水淀粉粘好。

3 平底煎锅注油，大火烧热，放入饼，转中小火，煎至开始变成金黄色时，将饼翻转，待两面变黄后，取出切成菱形块即可。

家乡软饼

材料 面粉 200 克，鸡蛋 3 个

调料 盐 2 克，香油、葱各 10 克

做法

1 鸡蛋装碗打散；葱洗净切花。

2 面粉加适量清水调匀，再加入鸡蛋、盐、香油、葱花和匀。

3 油锅烧热，放入面浆煎至金黄，起锅切块，装入盘中即可。

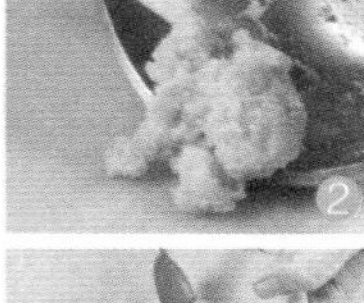
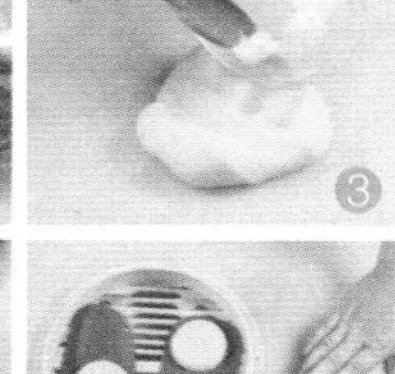
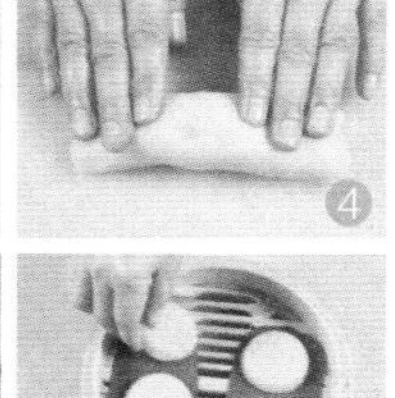

菠菜奶黄晶饼

材料 澄面 250 克，淀粉 75 克

调料 糖 75 克，猪油 50 克，奶黄馅 100 克，菠菜汁 200 克，水适量

做法

1. 清水、菠菜汁、糖煮开加入淀粉、澄面。
2. 烫熟后倒出放在案板上。
3. 搓匀后加入猪油。
4. 再揉搓至面团光滑。
5. 分切成约 30 克 / 个的小面团。
6. 包入奶黄馅。
7. 然后压入饼模成型。
8. 脱模后排入蒸笼，用猛火蒸约 8 分钟。

甘笋豆沙晶饼

材料 澄面 250 克，淀粉 75 克

调料 糖 75 克，猪油 50 克，豆沙馅 100 克，甘笋汁 200 克，水适量

做法

1. 将清水、甘笋汁、糖煮开，加入淀粉、澄面。
2. 烫熟后倒出放在案板上，搓匀后加入猪油。
3. 再搓至面团光滑。
4. 分切成 30 克 / 个的小面团。
5. 将皮压薄包入豆沙馅。
6. 收紧包口，压入饼模。
7. 然后将饼坯脱模。
8. 均匀排入蒸笼，用猛火蒸约 6 分钟即可。

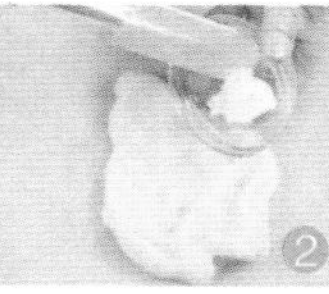
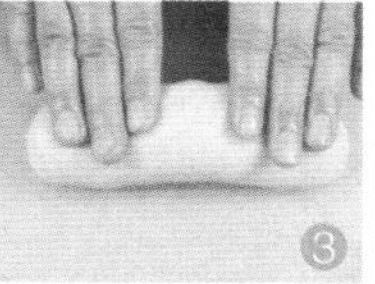
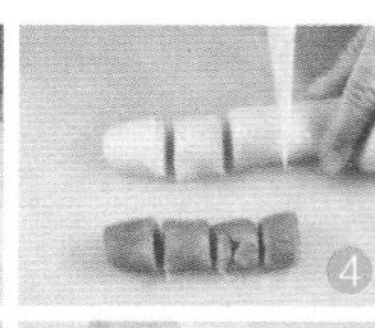
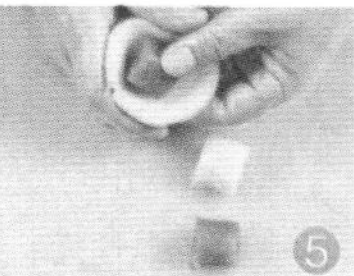
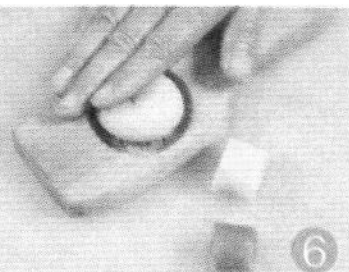
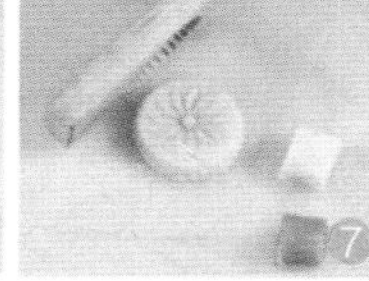

酥

螺旋香芋酥

材料 面粉 800 克，鸡蛋 2 个

调料 猪油、牛油、莲蓉各适量，糖 20 克，水 200 克，香芋、色香油适量

做法

1 面粉开窝，中间加入糖、猪油、鸡蛋和清水。2 拌至糖溶化，加入香芋、色香油。3 然后将面粉拌入，揉搓至面团光滑。4 用保鲜膜包好，醒发一会儿备用。5 油心部分拌匀加入香芋、色香油搓至光滑。6 将面团与油心按 3:2 的比例分成小件，包入油心。7 压薄，卷成长条状。8 将长条状酥皮再擀成薄皮卷起。9 在中间分切成两半。10 切口向上擀压成薄酥皮。11 将莲蓉包入，捏紧收口。12 排入烤盘醒发一会儿，烤熟后出炉即可。

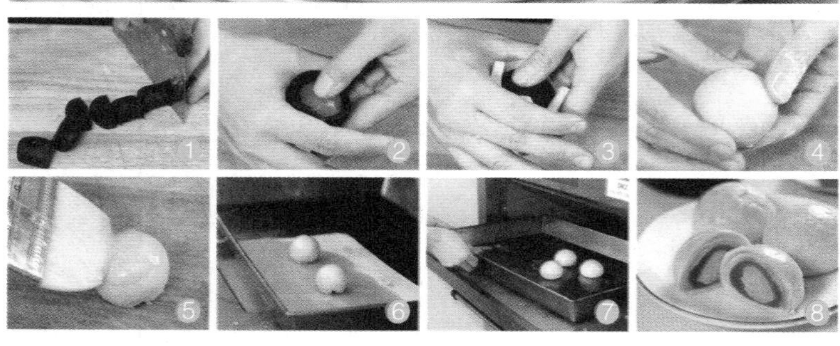

蛋黄莲蓉酥

材料 油酥皮 80 克，咸蛋黄 4 个，莲蓉 40 克

调料 蛋液 15 克

做法

1. 莲蓉搓成条状，切成10克/个的小剂子。
2. 将莲蓉按扁，包入咸蛋黄。
3. 取一张油酥皮，放入莲蓉馅。
4. 包起，捏紧剂口。
5. 刷上一层蛋液。
6. 放入烤箱中。
7. 上炉烤25分钟左右。
8. 取出摆盘即可。

豆沙扭酥

材料 豆沙 250 克，面团、酥面各 125 克

调料 鸡蛋黄 1 个

做法

1. 将面团擀成面片，酥面擀成面片一半的大小。
2. 将酥面片放在面片上，对折起来后擀薄。
3. 再次对折起来擀薄。
4. 将豆沙擀成面片一半大小，放在面片上对折轻压一下。
5. 切成条形。
6. 拉住两头旋转，扭成麻花形。
7. 均匀扫上一层蛋黄液。
8. 放入烤箱中烤 10 分钟，取出即可。

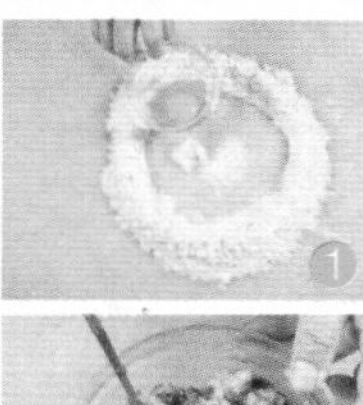
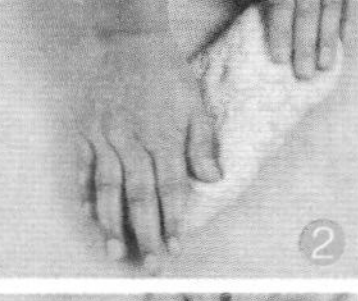
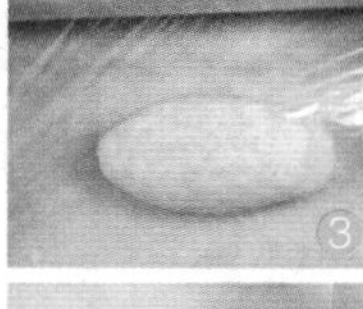
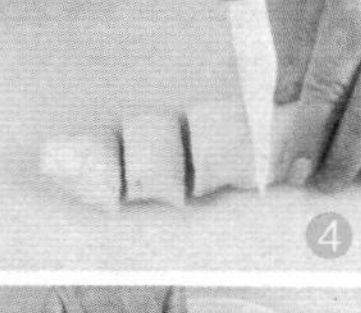

鸳鸯芝麻酥

材料 面粉500克，鸡蛋1个，猪肉200克，香菜30克，马蹄20克

调料 糖、猪油、水、盐、鸡精、芝麻、胡椒粉、淀粉、麻油各适量

做法

1. 面粉过筛开窝，加糖、猪油、鸡蛋、清水拌至糖溶化。
2. 将面粉拌入搓匀，揉搓至面团光滑。
3. 用保鲜膜包好，醒发约30分钟。
4. 将面团分切成约30克/个的小面团擀薄备用。
5. 馅料部分的材料切细混合拌匀。
6. 将馅料包入面皮，然后将收口捏紧。
7. 粘上芝麻，醒发一会儿。
8. 以150℃油温下锅炸至浅金黄色即可。

笑口酥

材料 糖粉、全蛋各150克，高筋面粉75克，低筋面粉340克

调料 酥油38克，泡打粉11克，淡奶38克，芝麻适量

做法

1. 酥油与过筛的糖粉混合搓匀。
2. 分次加入全蛋、淡奶搓匀。
3. 慢慢加入过筛的泡打粉、高筋面粉、低筋面粉搓匀。
4. 搓揉至面团光滑。
5. 再搓成条状。
6. 分割成小等份。
7. 搓圆后放入装满芝麻的碗中。
8. 面团粘满芝麻取出，炸成金黄色熟透即可。

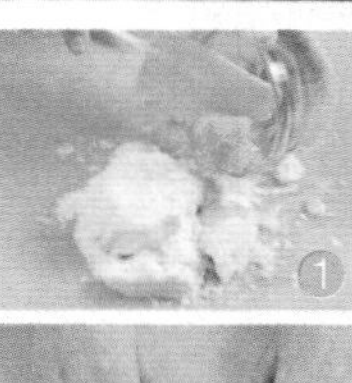

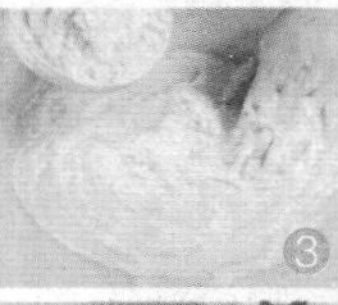
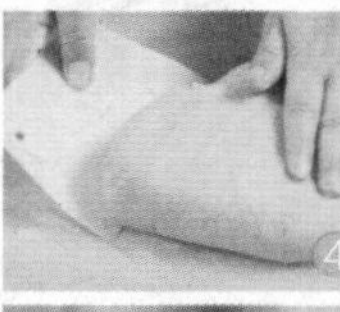
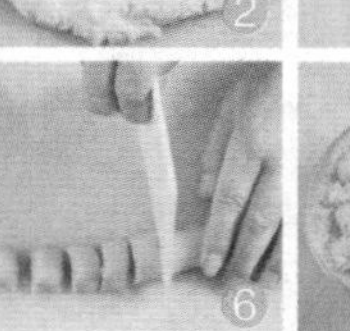

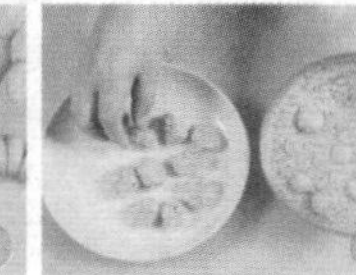

月亮酥

材料 面粉、熟咸蛋黄各适量

调料 豆沙馅、白糖各适量

做法

1. 咸蛋黄用豆沙包好。
2. 面粉加水、白糖调匀成面糊，再下成小剂子，用擀面杖擀薄，包入豆沙馅，做成球形生坯。
3. 将生坯刷上一层蛋液，入烤箱烤熟，取出切开即可。

莲藕酥

材料 中筋面粉、低筋面粉、莲蓉馅各 200 克

调料 鸡蛋液适量，烤紫菜 1 张

做法

1. 低筋面粉加入油搓成干油酥面团；中筋面粉加入油及温水和成水油酥面团，醒透揉匀。
2. 干油酥包入水油酥，擀长方形，叠三层，擀长方形，分小份，刷蛋液摞起来，切成剂子。
3. 包入莲蓉馅，卷成圆筒形，再捏成长方形。将烤紫菜切成细长条，系在长方的两端，制成莲藕状，炸熟即可。

一品酥

材料 黑糯米 150 克

调料 红糖 10 克，脆浆适量

做法

1. 黑糯米淘净，打成米浆，用布袋吊着沥水。
2. 红糖加水拌好，然后加入沥好水的浆中，然后充分揉匀，静置半小时。
3. 分别取适量米浆拍扁，裹上脆浆，入油锅中浸炸，至表面变脆，捞起待凉，切成整齐的长方形条状，码好即可。

糕

脆皮马蹄糕

材料 马蹄300克，椰汁150克，三花淡奶50克，马蹄粉250克

调料 芝麻、白糖各20克

做法

1 马蹄洗净去皮后拍碎和适量水调匀成粉浆，平均分为两份备用。2 将白糖倒入锅中，加水烧开，入椰汁及三花淡奶，改小火，倒入粉浆，搅拌成稀糊状，加马蹄搅匀，再注入余下的粉浆搅匀，倒入糕盆内，隔沸水用猛火蒸40分钟，取出粘上芝麻，再下入油锅中炸熟即可。

莲子糯米糕

材料 血糯米350克，莲子50克

调料 碱适量，白糖、麦芽糖各20克

做法

1 血糯米淘净煮熟；莲子加碱，用开水浇烫，用竹刷搅刷，把水倒掉，接着按以上方法重复两次，直到把皮全都刷掉，莲子呈白色时用水洗净，去掉莲心，蒸好即可。2 另取一只锅，加糖、水与麦芽糖煮至浓稠状，将煮好的糯米饭倒入搅匀，铺在抹过油的平盘之中，将糯米揉成团状，把莲子放其上即可。

芝麻糯米糕

材料 糯米150克，糯米粉、芝麻各20克

调料 白糖25克

做法

1 将糯米淘洗净，放入锅中蒸熟，取出打散，再加入白糖拌匀，做成糯米饭。2 取糯米粉加水开浆，倒入拌匀的糯米饭中，拌好，放入方形盒中压紧成形，再放入锅中蒸熟。3 取出，均匀撒上炒好的芝麻，再放入煎锅中煎成两面金黄色即可。

脆皮萝卜糕

材料 萝卜糕150克，鸡蛋1个，春卷皮6张

做法

1. 萝卜糕洗净，切成长条；鸡蛋打入碗中调匀。
2. 将萝卜糕包入春卷皮中，用蛋液封上接口。
3. 锅置火上，烧至七成热，下入脆皮萝卜糕，炸至金黄色后捞出，沥干油分。

果脯煎软糕

材料 糯米粉300克，豌豆、红枣、葡萄干各适量

调料 白糖20克

做法

1. 糯米粉加水、白糖调和均匀，下入洗净的豌豆、红枣、葡萄干拌匀。
2. 放入蒸锅蒸好取出，晾凉后切块，入油锅稍煎至两面微黄即可。

芋头西米糕

材料 西米150克，芋头油20毫升

调料 鱼胶粉20克，白糖10克

做法

1. 将鱼胶粉和白糖倒入碗内，再加入芋头油。
2. 用打蛋器搅拌均匀，做成香芋水。
3. 取一模具，内加入少许泡好的西米，再把拌好的香芋水倒入其中，然后放入冰箱中，凝固即可。

清香绿茶糕

材料 绿茶粉20克

调料 白糖30克，鱼胶粉20克

做法

1. 将所有材料放入碗中，再加入适量开水，用打蛋器搅拌均匀，倒入模具中。
2. 将拌好的绿茶水倒入模具中，再放入冰箱，冻至凝固即可。

第11部分

西式糕点

西式糕点就是西式烘焙食物，可以当成主食，也可以当作点心。很多人认为制作西式小点很麻烦，其实不然，只要肯花点时间和心思，学会正确的制作方法，没有什么是做不到的！我们选取了十几种经典的西式点心，每种点心都有详细的制作过程。相信你看了之后，也可以做出美味可口的西式糕点！

西饼

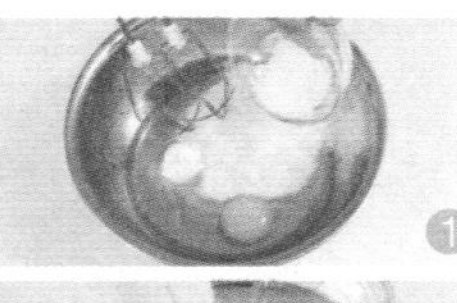
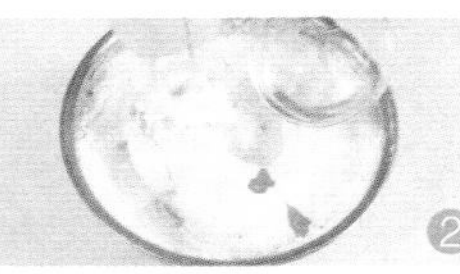

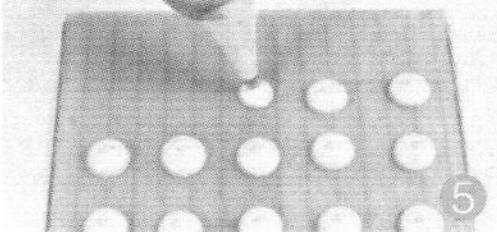

蛋黄饼

材料 全蛋75克，低筋面粉150克，粟粉75克，蛋糕油10克

调料 食盐1克，砂糖80克，清水45克，香油、液态酥油各适量

做法

1. 全蛋、食盐、砂糖、蛋糕油混合，先慢后快搅拌。
2. 搅拌至蛋糊变硬起发泡后，转慢速加入香油和清水。
3. 然后将低筋面粉、粟粉加入拌至完全混合。
4. 最后加入液态酥油，拌匀成蛋面糊。
5. 将面糊装入裱花袋，然后在耐高温纸上成型。
6. 入炉烘烤约30分钟，烤至金黄色熟透后，出炉即可。

腰果巧克力饼

材料 奶油125克，全蛋67克，低筋面粉100克

调料 糖粉67克，可可粉8克，腰果仁适量

做法

1. 把奶油、糖粉混合，搅拌成奶白色。
2. 分次加入全蛋后拌透。
3. 加入低筋面粉、可可粉，完全拌匀至无粉粒状。
4. 装入套有牙嘴的裱花袋内，在烤盘内挤出大小均匀的形状。
5. 表面放上腰果仁装饰。
6. 入炉，以160℃的炉温烘烤至完全熟透后出炉，冷却即可。

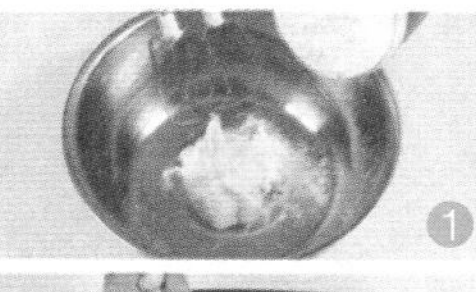

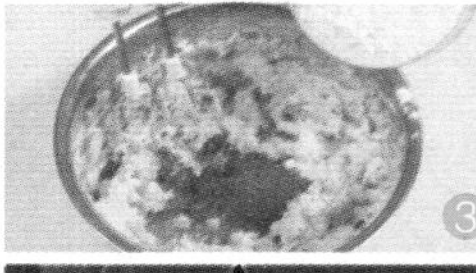

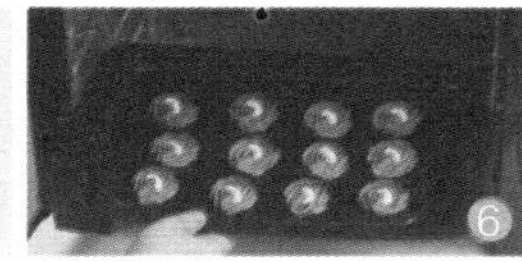

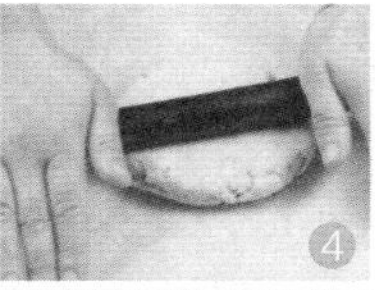
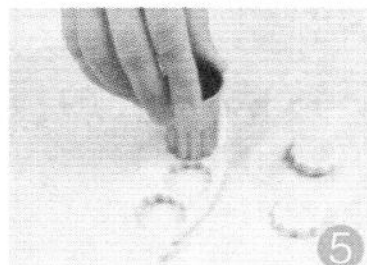

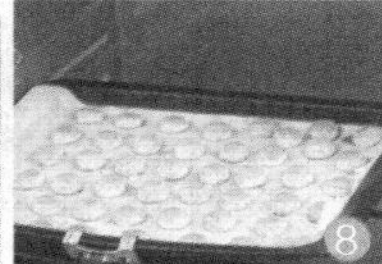

乡村乳酪饼

材料 低筋面粉、泡打粉、肉桂粉各适量，蛋黄 1 个

调料 盐 1.5 克，奶油、乳酪、牛奶各适量

做法

1. 先将乳酪和奶油拌匀。
2. 加入牛奶拌匀。
3. 继续加入低筋面粉、泡打粉、盐和肉桂粉，拌匀成团。
4. 将饼胚用保鲜膜包住，冷藏后拿出，擀成 1 厘米左右的厚度。
5. 将饼胚用梅花形状的模具分别压制成形。
6. 将蛋黄拌匀，加少许牛奶打匀，扫在饼皮表面。
7. 将生胚放入烤炉，烤至金黄色。
8. 出炉冷却即可。

绿茶薄饼

材料 奶油、蛋清、低筋面粉、奶粉、绿茶粉、松子仁各适量

调料 糖粉 70 克，食盐 1 克

做法

1. 把奶油、糖粉、食盐混合，先慢后快打成奶白色。
2. 分次加入蛋清，拌至无液体状。
3. 加入低筋面粉、奶粉、绿茶粉完全拌匀至无粉粒。
4. 倒在铺有胶模的高温布上。
5. 用抹刀均匀地填入模孔内。
6. 取走胶模，在表面撒上松子仁装饰。
7. 入炉，以 130℃的炉温烘烤。
8. 烤约 20 分钟左右，完全熟透后出炉，冷却即可。

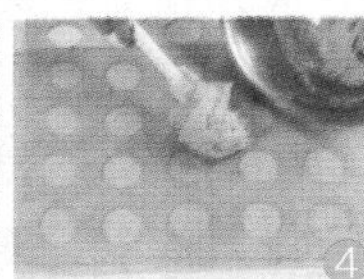
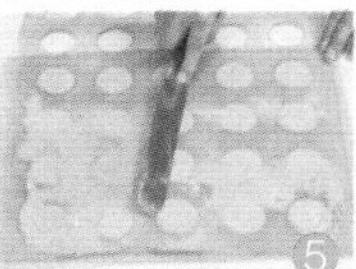

燕麦核桃饼

材料 全蛋75克，奶油、鲜奶、低筋面粉、核桃碎、燕麦片各适量

调料 红糖75克，小苏打、泡打粉各3克

做法

1. 把奶油、红糖、小苏打、泡打粉混合拌匀。
2. 分次加入全蛋、鲜奶搅拌至无液体状。
3. 加入低筋面粉、核桃碎、燕麦片，完全拌匀。
4. 取出放在案台上，折叠搓成长条。
5. 切成小份，摆入烤盘。
6. 用手轻压扁。
7. 入炉，以150℃的炉温烘烤。
8. 烤约25分钟，完全熟透后出炉，冷却即可。

绿茶蜜豆饼

材料 奶油、全蛋、低筋面粉、绿茶粉、绿豆粉各适量

调料 糖粉60克

做法

1. 把奶油、糖粉倒在一起，先慢后快，打至奶白色。
2. 分次加入全蛋完全拌匀至无液体。
3. 加入低筋面粉、绿茶粉、绿豆粉，拌至无粉粒。
4. 取出搓成长条状。
5. 放入托盘，入冰箱冷冻至硬。
6. 把生胚取出，置于案台上，切成均匀的饼坯。
7. 排入烤盘，入炉，以160℃的炉温烘烤。
8. 烤约25分钟左右，完全熟透后出炉，冷却即可。

饼干

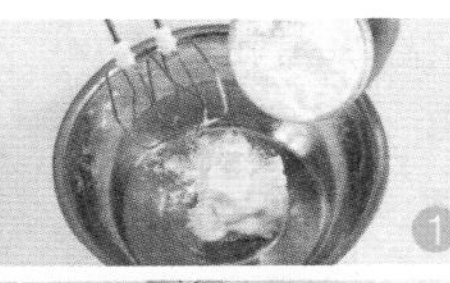

樱桃曲奇

材料 奶油138克，蛋2个，低筋面粉，高筋面粉各125克

调料 吉士粉13克，奶香粉、红樱桃各适量，糖粉100克，食盐2克

做法

1. 把奶油、糖粉、食盐倒在一起，先慢后快打至奶白色。
2. 分次加入全蛋，完全拌匀。
3. 加入吉士粉、奶香粉、低筋面粉、高筋面粉完全拌匀至无粉粒状。
4. 装入带有花嘴的裱花袋内，挤入烤盘内，大小均匀。
5. 放上切成粒的红樱桃。
6. 入炉，以160℃烘烤，约烤25分钟，完全熟透后出炉，冷却即可。

香葱曲奇

材料 低筋面粉、奶油、糖粉、液态酥油各适量

调料 清水45克，食盐3克，鸡精2.5克，葱花3克

做法

1. 把奶油、糖粉、食盐倒在一起，先慢后快，打至奶白色。
2. 分次加入液态酥油、清水，搅拌均匀至无液体状。
3. 加入鸡精、葱花拌匀。
4. 加入低筋面粉拌至无粉粒。
5. 装入已放了牙嘴的裱花袋内，挤入烤盘，大小均匀。
6. 入炉，以160℃的炉温烘烤约25分钟，完全熟透后出炉，冷却即可。

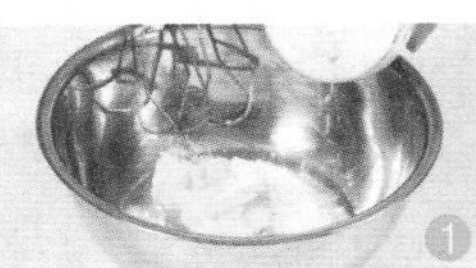
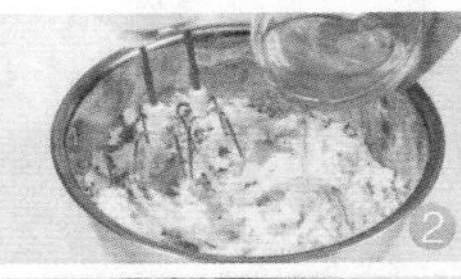

巧克力曲奇

材料 面粉 160 克，蛋清 50 克，巧克力 60 克

调料 酥油 150 克，牛油 5 克，白糖 80 克

做法

1. 牛油、酥油放入盆中，用打蛋器打化，加入蛋清打匀，并打至起泡。
2. 加入面粉打匀，再加入巧克力，搅拌均匀。
3. 倒入裱花袋中，挤成三个圆形拼在一起，制成梅花形，放入烤箱中烤 15 分钟即可。

杏仁曲奇

材料 面粉 160 克，蛋清 50 克，杏仁 60 克

调料 酥油 150 克，牛油 5 克，白糖 80 克

做法

1. 牛油、酥油放入盆中，用打蛋器打化，加蛋清打匀。
2. 打至起泡，加入面粉打匀，倒入裱花袋中。
3. 在油纸上挤成 8 字形，放上杏仁。
4. 加放入烤箱中，用上 170℃、下 150℃的炉温烤 13 分钟左右即可。

手指饼干

材料 鸡蛋 2 个，低筋面粉 80 克，香草粉 5 克

调料 细砂糖 65 克，盐适量

做法

1. 低筋面粉和香草粉混合，过筛两次备用。
2. 蛋白与蛋黄分开，取 20 克细砂糖与蛋黄搅拌至糖溶解备用。
3. 取细砂糖与蛋白打匀，加蛋黄液，再加入过筛的粉类轻轻拌匀成面糊，装入挤花袋中。
4. 在烤盘上挤成条状，放入烤箱以 180℃的炉温烤约 20 分钟，至表面呈金黄色即可。

比萨

火腿青蔬比萨

材料 中筋面粉 600 克，干酵母粉 5 克

调料 奶油、番茄酱、乳酪丝、罐装玉米粒、罐装鲔鱼、罐装菠萝片、火腿片、红甜椒、盐、砂糖各适量

做法

1. 干酵母粉加水拌匀，与面粉、盐、细砂糖揉成团，再加奶油，揉至面团光滑。盖上保鲜膜，20 分钟后，取出分成 5 个小面团，分别揉圆，再醒发 8 分钟。
2. 将面团擀成圆片放入烤盘内，刷番茄酱，撒乳酪丝，再放馅料，再撒一层乳酪丝，烤至表面焦黄即可。

薄脆蔬菜比萨

材料 墨西哥饼皮 1 片，三色甜椒丝 30 克，蘑菇 3 朵

调料 番茄酱、乳酪丝各适量

做法

1. 蘑菇切小片备用。
2. 将墨西哥饼皮放入烤箱，以 150℃的炉温烘烤 2 分钟后取出，涂上一层番茄酱，均匀铺上三色甜椒丝、蘑菇片，撒上乳酪丝。
3. 将铺好蔬菜的饼皮放入烤箱，以 180℃的炉温烤约 10 分钟，至乳酪丝熔化且饼皮表面呈金黄色即可切片食用。

面包

家常三明治

材料 吐司 4 片，鸡蛋 1 个，西红柿 1 个，火腿 50 克，肉片、生菜各 30 克

调料 沙拉酱少许

做法

1. 将西红柿洗净切片，火腿切片，生菜洗净切片。将肉片、鸡蛋分别入煎锅煎至两面金黄。
2. 将土司片放进烤箱，烤至两面金黄时取出。
3. 在烤熟的吐司上放上生菜、肉片、火腿片，再放上西红柿片，调入沙拉酱，以此法叠三片吐司后，夹上鸡蛋，再盖上一片吐司压紧，对角切成 4 瓣，以牙签固定。

奶酪汉堡三明治

材料 吐司 2 片，奶酪片 100 克，猪肉 200 克，生菜 50 克

调料 盐 3 克，酱油 5 克

做法

1. 将吐司切去硬边，放入烤箱中烤至呈黄色，取出备用。
2. 生菜洗净；猪肉洗净剁碎，入油锅中，加盐、酱油炒熟备用。
3. 取吐司一片，先放上生菜，再放上肉馅，压实。
4. 然后放上奶酪片，再盖上一片生菜。
5. 将另一片吐司盖在上面压紧，一切为二即可。

大蒜西红柿面包

材料 面包 1 个，西红柿 100 克

调料 黄油 60 克，九层塔 8 克，蒜粉 15 克

做法

1. 西红柿洗净切粒，九层塔洗净切末，面包斜切片。
2. 将黄油涂在面包片上，撒上蒜粉，放入烤箱烤至微黄。
3. 将西红柿粒铺在面包上，撒上九层塔，再放入烤箱烤至面包变焦黄即可。

鸡蛋三明治

材料 吐司 4 片，鸡蛋 4 个，黄瓜 30 克

调料 沙拉酱少许，盐、糖、醋各适量

做法

1. 鸡蛋煮熟，去壳切碎，加入沙拉酱拌匀。
2. 黄瓜切薄片，放入碗中，加少许盐、糖、醋，腌 10 分钟，沥干水分。
3. 将吐司切去硬边，放入烤箱中烤至呈黄色后取出，把拌好的鸡蛋放在上面抹平，再摆上黄瓜片，盖上另一片吐司，对角切成 4 瓣即成。

面包条

材料 吐司 2 片

调料 海苔粉、奶油、花生酱、草莓酱各少许

做法

1. 吐司去边，切成长条状。
2. 分别涂上少许海苔粉、奶油、花生酱、草莓酱。
3. 再放入烤箱，用 100℃的低温烤 5 分钟即可。

法式吐司

材料 吐司2片，鸡蛋1个，牛奶60克

调料 奶油少许

做法

① 吐司去边，每片沿对角线切成4个小三角形；鸡蛋打散，和牛奶拌匀成蛋汁备用。

② 加热平底锅，放入少许奶油加热至溶化，吐司两面沾少许蛋汁，放到平底锅中，双面煎成金黄色即可。

草莓吐司

材料 吐司4片，苹果1个

调料 草莓酱20克，牛油、冰盐水各适量

做法

① 将苹果洗净切成蝴蝶状，放入冰盐水中浸泡。

② 在吐司上面画出十字形，并均匀地抹上一层牛油。

③ 将抹好牛油的吐司放入烤炉中烘烤2分钟左右取出装盘，加1勺草莓酱即可。

芋头吐司卷

材料 芋头泥10克，吐司2片

调料 白芝麻10克，蛋清1个

做法

① 吐司叠放在一起，切去四周硬边，每一片再切成两片，均匀抹上一层芋头泥，卷起，在边缘扫上少许蛋清，粘住接口，按紧。

② 切去两头，再从中间 开成两段，两头沾上蛋清，再沾上白芝麻。

③ 放入烧至200℃的油锅中，炸至金黄色，捞出沥油，装盘即可。

布丁

红糖布丁

材料 鸡蛋 2 个，红糖 20 克，牛奶、芝士粉各适量

调料 红糖、蜂蜜各适量

做法

1. 将鸡蛋、牛奶、芝士粉混合，搅匀成蛋浆；红糖加蜂蜜搅匀备用。
2. 将蛋浆装入模具内，做成布丁生坯。
3. 烤盘内倒入适量凉水，放入生坯，入烤箱烤熟，取出摆盘，再淋上红糖即可。

绿茶布丁

材料 绿茶粉 50 克，鲜奶 450 克，布丁粉 10 克

调料 糖 40 克，清水 500 克

做法

1. 先将锅中放入清水和糖煮热。
2. 将布丁粉加入，慢慢搅匀。
3. 再加入鲜奶、绿茶粉，搅拌均匀后倒入模具中凝固成形即可。

蛋挞

蛋挞

材料 鸡蛋 1 个，鸡蛋黄 4 个，鲜奶油 120 克，面粉 300 克，牛奶 200 克

调料 奶粉、盐、糖粉、白糖、炼乳各适量

做法

1. 将奶油、糖粉、盐拌匀，加入鸡蛋、奶粉、面粉拌匀，放入冰箱微冰至稍硬，再擀成面皮放入模具中，成为蛋挞皮。
2. 用牛奶、白糖、鸡蛋黄、鲜奶油、炼乳搅拌均匀成蛋挞水。
3. 将蛋挞水放入挞皮中，入烤箱，高火烤 15 分钟即可。

奶油蛋挞

材料 蛋挞皮 150 克，蛋挞水 80 克，奶油 30 克

调料 糖 12 克

做法

1. 蛋挞皮揉匀，下成 15 克一个的小剂子。
2. 将蛋挞皮放入圆形模具中，先将底部按平，再用手指将边缘按压均匀。
3. 放入烤箱中，加入蛋挞水、奶油，烤 20 分钟，取出即可食用。

第12部分

西餐料理

除了动手做中餐外，有没有想过做顿西餐或异国料理，给家人或自己的生活来点异国风味？其实，不要以为这些外国菜都需要很高的技巧，也不要以为吃这些外国菜都需要去餐厅。只要你愿意动手，在家一样可以轻松烹调出有餐厅大厨水平的菜式。以下为你介绍的西餐及料理，做法简单，好学易做，口味绝对正宗。

怎样制作美味料理

制作和食用蔬菜沙拉的窍门

在西方饮食中，蔬菜生食的情况相当多见，而按中国人的习惯是将蔬菜烹制后食用。其实，从营养和保健的角度出发，蔬菜以生食最好。

新鲜蔬菜中所含的维生素 C 和一些生理活性物质十分“娇气”，很容易在烹调中遭到破坏，蔬菜生食可以最大限度地保留其中的各种营养素。蔬菜中大都含有免疫物质干扰素诱生剂，它可刺激人体细胞产生干扰素，具有抑制细胞癌变和抗病毒感染的作用，而这种功能只有在生食的前提下才能实现。

生吃蔬菜首先要选择新鲜的蔬菜（在冰箱中已经存放了一两天的蔬菜不适合生吃），尽量选绿色无公害产品，食用前用盐水浸泡 10 分钟，能去掉部分有害物质。

●怎样做蔬菜沙拉

在准备蔬菜沙拉时，最好不要将蔬菜切得太细碎，每片菜叶以一口能吃下的大小为宜，以免因其太细吸附过多的沙拉酱，而吃进去过多的油脂。

（1）奶油增甜香味

做水果沙拉时，可在普通的蛋黄沙拉酱内加入适量的甜味鲜奶油，这样制出的沙拉奶香味浓郁，甜味加重。

（2）酸奶拌菜味更美

在沙拉酱内调入酸奶，可打稀固态的蛋黄沙拉酱，用于拌水果沙拉，味道更好。

（3）添盐加醋增风味

制作蔬菜沙拉时，如果选用普通的蛋黄酱，可在沙拉酱内加入少许醋、盐，更适合我们的口味。

（4）酒水亮色更增鲜

在沙拉酱中加入少许鲜柠檬汁，或白葡萄酒、白兰地，可使蔬菜不变色。如果用于海鲜沙拉，可令沙拉味道更为鲜美。

（5）手撕叶菜保营养

制作蔬菜沙拉时，叶菜最好用手撕，蔬菜洗净，沥干水分后再用沙拉酱搅拌。

（6）蒜头擦盘味更佳

沙拉入盘前，用蒜头擦一下盘边，沙拉入口后味道会更鲜。

●怎样吃蔬菜沙拉

（1）分次切小块

将大片的生菜叶用叉子切成小块，如果不好切可以刀叉并用。一次只切一块，不要一下子将整盘的沙拉都切成小块。

（2）根据沙拉主次选叉具

如果沙拉是一大盘端上来就使用沙拉叉，如果和主菜放在一起则要用主菜叉来吃。

（3）吃法因菜品而异

如果沙拉是主菜和甜品之间单独的一道菜，通

常要与奶酪和炸玉米片等一起食用。先取一两片面包放在你的沙拉盘上，再取两三个玉米片。奶酪和沙拉要用叉子食用，而玉米片则用手拿着吃。

（4）拌酱勿求一步到位

如果主菜沙拉配有沙拉酱，很难将整碗的沙拉都拌上沙拉酱，先将沙拉酱浇在一部分沙拉上，吃完这部分后再加酱，直到加到碗底的生菜叶部分，这样浇汁就容易多了。

料理时必备的料理工具

① **锅**：根据要做的料理、材料的量，应选择合适的锅。一般炒菜或做汤时应使用较深较圆的锅；煎鸡蛋时应使用四角型的平底锅；油炸时要使用较深较厚的炒锅，这样油就不会迸出来。

② **芝士粉碎机**：搅拌奶酪或核桃等比较硬的坚果类时使用的道具。只需旋转把手就能使材料变成粉状。一般做西餐时使用成粉状的材料。

③ **榨汁机**：榨汁机有榨汁、搅拌、粉碎等功能。使用搅拌机不仅能榨出鲜果汁，而且能搅拌蔬菜或硬的水果。

④ **汤锅**：汤锅根据样式和热导率的不同，可分成很多种。热导率越高的锅，就越容易做料理。

⑤ **搅拌机**：可以把剥好的蒜、洋葱或西红柿等各种各样的材料搅拌成丁。

⑥ **烤箱**：使用烤箱不但可以做曲奇、牛排，也可以做多种多样的料理。

⑦ **打蛋器**：打蛋器是搅拌材料或弄出泡沫时不可缺少的料理工具，特别是做调味汁时很必要。打蛋器根据规格不同也分为很多种，料理时可以挑选合适的使用。

⑧ **铲勺**：做油炸或煎的料理时可使用铲勺翻食物。因为铲勺中间有洞，油就可以从洞中流出去，所以使用起来很方便。

⑨ **汤勺**：汤勺是盛汤或搅拌汤的时候使用的道具。汤勺根据大小的不同，可以分为很多种，所以料理时可以挑选合适的汤勺使用。

⑩ **料理刀**：切块和切花样时均可使用的多用途刀。

⑪ **旋转刀**：胡萝卜、萝卜、黄瓜等蔬菜使用旋转刀切，可切出很好看的形状，也很方便。所以需要切出好看形状时应使用旋转刀。

⑫ **漏勺**：捞起漂浮在汤上的油或小材料时使用，会很方便。

⑬ **鸡蛋切片机**：使用鸡蛋切片机可以很轻松地把熟鸡蛋切开，容易碎的蛋黄也能切得很好看。

西餐

香烤土豆

材料 土豆 250 克

调料 盐 6 克，白糖 35 克，味精 15 克，麻油少量

做法

1. 将土豆洗净后，切成 8 等份。
2. 在锅子里放入 2 杯水，煮沸后将步骤 1 的土豆放入煮熟。
3. 将煮熟的土豆装盘，撒上调味料后，摆放约 20 分钟让土豆入味。
4. 将腌制好的土豆放入烤箱内以 160℃ 烤约 20 分钟即可食用。

烤香肠&乳酪酱

材料 手工香肠 400 克

调料 红酒、黑胡椒、香蒜粉、橄榄油、洋葱末、杏仁泥、奶油乳酪、美乃滋、芥末酱、萝卜、盐各适量

做法

1. 将手工香肠放入热水中清洗，去除表面上的油脂，在表面上斜切 4 ~ 5 下。
2. 将香肠装盘，倒入红酒和黑胡椒、香蒜粉、橄榄油混合，入烤箱烤约 15 分钟。
3. 将洋葱末、杏仁泥、奶油乳酪、美乃滋、芥末酱、盐拌匀，制成乳酪酱。
4. 将烤好的香肠切片装盘，再将萝卜切薄片后与乳酪酱放在一起，搭配食用即可。

意式烤西红柿洋葱

材料 西红柿 2 个，洋葱 1 个，紫洋葱 1 个

调料 罗勒粉5克，有机橄榄油10克，精盐 3 克

做法

1. 将西红柿洗净后，水平切成约 1 厘米厚的薄片。
2. 将洋葱和紫洋葱切成与西红柿一样的大小与厚度。
3. 将切好的食材装盘，撒上罗勒粉，倒入有机橄榄油，混合放置约10分钟。
4. 起油锅，入西红柿、洋葱和紫洋葱煎烤，在煎烤时再撒上少许精盐，即可食用。

莎莎酱&墨西哥脆片

材料 墨西哥脆片 100 克，圣女果 10 个

调料 番茄酱 15 克，蚝油、砂糖、蒜泥、洋葱末各 5 克，盐、胡椒粉各少许

做法

1. 将圣女果的上方用刀子切成十字状模样。
2. 将圣女果用热水汆烫后，再放入冷开水中去除外皮。
3. 将泡在冷开水中的去皮圣女果切成 4 等份。
4. 将墨西哥脆片加热后装盘，其余材料一起混合制成圣女果莎莎酱，放在旁边。

瑞士乳酪锅

材料 埃曼塔尔乳酪200克，葛瑞尔乳酪100克，法国面包50克

调料 白酒、洋菇、玉米粉、大蒜汁、柠檬汁各适量

做法

1. 首先将法国面包切成适合食用的大小，接着将洋菇切半。
2. 将大蒜汁倒入锅子里均匀加热搅拌。
3. 锅加热，放入乳酪，融化后再依序倒入玉米粉、洋菇和白酒烹煮。之后倒入少许柠檬汁。
4. 再将准备好的法国面包放入乳酪锅内混合。

烤香橙意大利面

材料 柳橙1个，西蓝花100克，意大利面（笔尖面）50克，披萨乳酪丝50克，面包粉适量

调料 香菜粉、食盐、胡椒粉各少许，橄榄油8克，鲜奶油、奶油、面粉各20克，牛奶适量

做法

1. 将柳橙的外皮剥去，然后将果肉部分以V字形方式取出；西蓝花切块。
2. 将意大利面、西蓝花分别煮熟后沥干，再入食盐和橄榄油拌匀。
3. 锅中放入奶油及面粉，炒香后，入牛奶和鲜奶油，拌匀并加热后制成白酱。
4. 将白酱与处理好的食材、调味料拌匀，撒上乳酪丝以180℃烘烤约10分钟。

烤迷你通心面

材料 西红柿2个，通心面50克，莫札瑞拉乳酪50克，西蓝花50克

调料 面包粉50克，香菜粉、盐、橄榄油各适量，面粉10克，奶油10克，牛奶、盐、鲜奶油、胡椒粉各适量

做法

1. 西红柿洗净切片；西蓝花洗净切块，入盐水中浸泡后，捞出沥干；将莫札瑞拉乳酪切成约0.5厘米的厚度。
2. 热锅入橄榄油和少许盐后，将通心面放入锅中烹煮。
3. 锅中放入奶油及面粉，炒香后，入牛奶和鲜奶油，拌匀并加热后制成白酱。
4. 将白酱倒入煮好的通心面中，在上方放入剩余食材及调味料烤熟即可。

法式烤面包片

材料 法国面包（20厘米长度）1条，薄荷叶、青椒、红色甜椒、黄色甜椒、洋葱各适量

调料 香菜粉、橄榄油、柠檬汁、盐、白胡椒粉各适量，奶油20克，捣碎大蒜5克，捣碎香菜粉5克

做法

1. 法国面包切片，再将奶油、大蒜和香菜粉搅拌均匀，制作成香蒜奶油。
2. 将切好的法国面包涂上香蒜奶油后，放入烤箱以190℃烘烤约5～8分钟。
3. 将青椒、红色甜椒、黄色甜椒、洋葱均洗净切丁，用冷水浸泡后将水分沥干。
4. 将所有蔬菜放入碗内，倒入所有调味料拌匀，制成佐料和法国面包放在盘上，用薄荷叶装饰。

鸡蛋沙拉球

材料 鸡蛋6个，胡萝卜泥100克

调料 洋葱末10克，意大利综合香料5克，烧盐（烘焙过的精盐）2克，白胡椒粉3克，牛奶适量

做法

1. 将新鲜鸡蛋放入撒了烧盐的热水中，烹煮约14分钟，将鸡蛋煮熟。
2. 煮好的鸡蛋去壳切半后，将蛋黄和蛋白部分分离，然后将蛋黄部分直接挖空，准备约10个熟蛋白。
3. 将2个蛋黄捣碎，和牛奶、烧盐、白胡椒粉、胡萝卜泥和洋葱末拌成鸡蛋沙拉。
4. 在熟蛋白中放入鸡蛋沙拉，再撒上少许的意大利综合香料装饰即可。

意式香肠蔬菜卷

材料 腌菜(西蓝花、荞麦、豆芽菜等)200克，意式香肠150克，黄色甜椒20克，橙色甜椒20克，牙签少许

调料 洋葱奶油酱：洋葱末30克，紫洋葱末20克，奶油乳酪10克，美乃滋15克，芥末10克，盐、白胡椒粉各3克

做法

1. 将所有蔬菜类食材用水洗净后将水分沥干；再将彩色甜椒切条状。
2. 将意式香肠细切成薄片。
3. 将制作洋葱奶油酱的材料全放入调理碗中，搅拌均匀后制成洋葱奶油酱。
4. 意式香肠切片包入各式腌菜和彩色甜椒后，用竹签固定卷成意式香肠腌菜卷，与洋葱奶油酱摆盘。

薄片火腿甜椒卷

材料 薄片火腿 200 克，黄色甜椒 30 克，红色甜椒 30 克，橙色甜椒 30 克

调料 葡萄籽油 10 克，烧盐（烘焙过的精盐）3 克

做法

1 将原本粘在一起的薄片火腿撕开备用。

2 将 3 种色彩的甜椒分别切成相同大小的细丝状 。

3 锅中加入葡萄籽油后，将甜椒各自放在一个区域内烹煮，加入烧盐调味。

4 在薄片火腿中包入各种颜色的甜椒后，卷成薄片火腿甜椒卷。

炸鲜鱼&塔塔酱

材料 鳕鱼 200 克

调料 烧盐（烘焙过的精盐）、白胡椒粉各 3 克，清酒、油炸粉、鸡蛋蛋白、葡萄籽油各适量，竹签 8 根

凤梨塔塔酱: 凤梨泥、洋葱末、美乃滋、柠檬汁各适量

做法

1 将鱼肉用水洗净后，厚切成与手指大小相当的鱼片。

2 将鱼片放入盘子中，撒上少许的烧盐、白胡椒粉和清酒调味。

3 鱼片用竹签串起，沾上蛋白和油炸粉，再放入油锅内油炸。

4 用指定调料做成凤梨塔塔酱。将串炸鲜鱼和凤梨塔塔酱一起摆盘即可。

香蒜意大利面

材料 意大利面 250 克，蒜头 100 克，培根 150 克

调料 食盐、黑胡椒盐、橄榄油、白酒、罗勒粉、洋葱粉末各适量

做法

1. 意大利面入锅，加盐和橄榄油后煮约 18 分钟，捞起沥干，橄榄油拌匀。
2. 蒜去皮切半，入煎锅煎烤；在煎锅的另一边放入培根，煎烤后切片。
3. 将意大利面、蒜头和培根放入碗中，倒入橄榄油和白酒调味后搅拌均匀。
4. 再撒上罗勒粉、洋葱粉末、食盐和黑胡椒盐，拌匀后装盘。

蔬菜肉卷佐酱汁

材料 牛肉300克，豆芽菜150克，小黄瓜100克，红辣椒、青辣椒、薄片火腿、葱花各适量

调料 凤梨花生酱汁：花生奶油10克，凤梨片50克，酱油3克，柠檬汁5克，食盐2克

牛肉爆香佐料：蒜头、青葱、清酒、盐各适量

做法

①锅内放入青葱和蒜头，加水煮沸后倒入清酒调味，放入牛肉煮熟后捞起。②将其他原材料全部治净后，放置备用。③将花生奶油和凤梨片拌匀后，倒入柠檬汁、盐搅匀制成凤梨花生酱汁。④所有原材料一起制成牛肉蔬菜卷，和凤梨花生酱汁一起放在盘子上。

南瓜炖海鲜

材料 黄色或绿色小南瓜300克，鲜虾200克，红蛤150克，墨鱼200克，西蓝花150克，胡萝卜30克，洋葱50克

调料 蒜泥10克，披萨乳酪丝100克，橄榄油少许，生罗勒、盐、胡椒粉各3克，白酒、鲜奶油、牛奶各适量

做法

①南瓜洗净入微波炉加热3分钟后取出，将南瓜做成放置料理的碗。②墨鱼洗净切片；鲜虾、红蛤均洗净；将余下原材料治净备用。③炒锅入橄榄油，入蒜泥、洋葱爆香，入墨鱼、虾子、红蛤、胡萝卜、西蓝花烹煮。④锅中放入奶油、生罗勒、盐、胡椒粉、白酒及面粉，炒香后，入牛奶和鲜奶油，拌匀并加热后制成白酱；将所有食材填入南瓜，铺上乳酪丝，烘烤约10分钟。

鲜虾奶油意大利饺

材料 鲜虾100克，水饺皮30张，韭菜30克

调料 盐、胡椒粉各5克，生姜粉5克，盐、白胡椒粉各3克，香油、地瓜粉各适量

做法

1. 将鲜虾、生姜粉、盐、白胡椒粉、香油和地瓜粉拌匀后用手捏成丸子。
2. 在饺子皮内放入丸子后，再将水饺皮折成意大利饺。
3. 韭菜洗净切小段；煎锅加入橄榄油，加热后将洋葱、韭菜放入锅中烹煮。
4. 锅入水烧开，加盐拌匀，再入鲜虾意大利饺煮熟装盘，淋上做好的蔬菜汁即可。

寿司

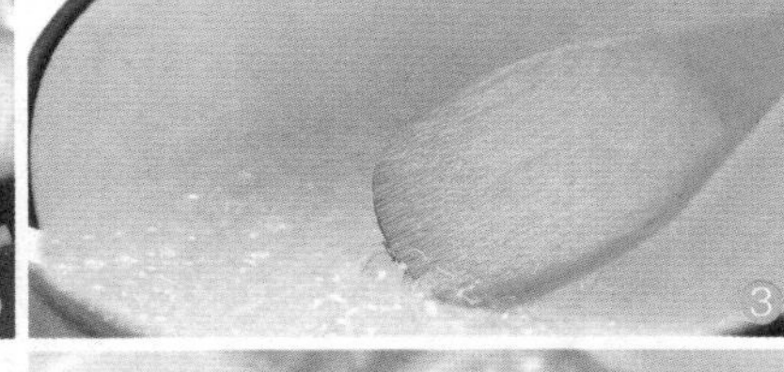

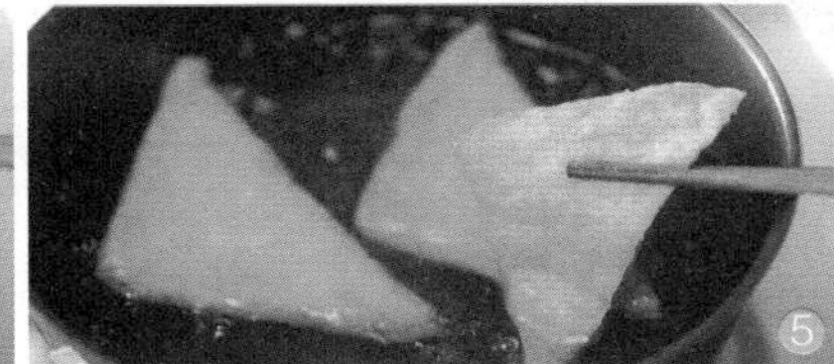

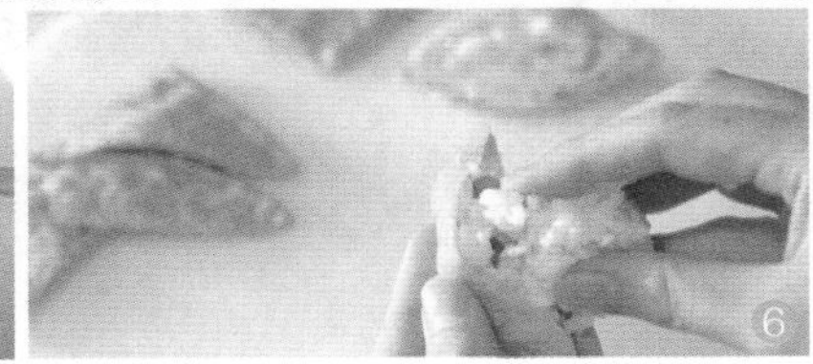

油豆腐寿司

材料 米饭 1 碗，油豆腐 150 克，胡萝卜、青椒、红椒各少许

调料 盐、醋、白糖、酱油、鱼汤、油各适量

做法

1. 胡萝卜、青椒、红椒均洗净，切作细丁。
2. 油锅烧热，下入胡萝卜和青椒、红椒炒香，加盐调味，盛起备用。
3. 将适量的醋和白糖熬成甜醋。
4. 将米饭、甜醋和炒好的胡萝卜、青椒、红椒一起放入碗中拌匀，加盐调好味道。
5. 净锅中倒入鱼汤烧热，下入油豆腐煮一会，捞起沥水。
6. 将调好味道的米饭放入油豆腐中，做出一定的形状即可。

三文鱼寿司

材料 新鲜三文鱼 30 克，寿司米 50 克

调料 寿司醋、芥末、日本酱油、寿司姜各适量

做法

1. 先将寿司米蒸熟，加入寿司醋，拌匀置凉，即成寿司饭。
2. 将新鲜三文鱼肉去净刺，切成若干大小适中的薄片。
3. 取适量寿司饭捏成梯形饭团，将鱼片置于手掌上，放上饭团轻压，随后摆好即成。吃用时佐以芥末、日本酱油、寿司姜。

章鱼寿司

材料 寿司米 50 克，熟章鱼 30 克

调料 寿司醋、寿司姜、烤紫菜、芥末各适量

做法

1. 先将寿司米蒸熟，加入寿司醋，拌匀置凉，即成寿司饭。
2. 取适量的寿司饭握成饭团，裹上紫菜，一面抹平，涂上芥末。
3. 把饭团摆好，有芥末的一面朝上，再把章鱼放在寿司饭上，最后用寿司姜装饰即可。

三文鱼之恋

材料 三文鱼 40 克，莳萝奶油乳酪 20 克，寿司饭 30 克，紫苏叶 1 片

调料 芥末适量

做法

1. 三文鱼洗净，切成大小均匀的薄片。
2. 紫苏叶洗净，擦干水后摆好放在碟中；将寿司饭握成团，放在紫苏叶上。
3. 将切好的三文鱼薄片依次叠放在寿司饭上，摆好；最后在三文鱼上淋莳萝奶油乳酪，食用时佐以芥末即可。

芥辣三文鱼寿司

材料 寿司饭150克，三文鱼50克

调料 酱油15克，芥辣5克，醋8克，烤紫菜适量

做法

1. 三文鱼治净，切成薄片。
2. 洗净双手，将寿司饭包成团状，放入盘中，再盖上三文鱼片。
3. 食用时，蘸调味料即可。

三文鱼子寿司

材料 寿司饭150克，烤紫菜、黄瓜、三文鱼子各40克

调料 芥末5克，酱油15克，醋少许

做法

1. 黄瓜洗净，切片。
2. 洗净手，将烤紫菜放在竹帘上，均匀地铺上寿司饭，再卷起压实，切成2等份。
3. 将寿司卷放入盘中，放上黄瓜片、三文鱼子，食用时蘸调味料即可。

大虾寿司

材料 寿司米50克，大虾30克

调料 寿司醋适量，芥末酱10克

做法

1. 大虾去头、脚，洗净，剖开成两半备用。
2. 将寿司米蒸熟，加入寿司醋，拌匀置凉，即成寿司饭。
3. 取适量的寿司饭捏成梯形饭团，然后将备好的大虾置于其上，食用时蘸芥末酱即可。

三文鱼腩寿司

材料 寿司饭120克，三文鱼腩150克

调料 日本酱油15克，芥末适量

做法

1. 三文鱼腩洗净，将一面打上花刀，另一面抹芥末。
2. 寿司饭捏团状，将抹有芥末的三文鱼腩片盖在上面。
3. 食用时，蘸日本酱油、芥末即可。

醋鲭鱼寿司

材料 醋鲭鱼 100 克，寿司饭 120 克，洋葱、红椒少许

调料 醋 10 克，酱油适量，芥末少许

做法

1. 醋鲭鱼洗净，在鱼的一面打上花刀，入蒸锅蒸熟备用；洋葱、红椒洗净，切圈。
2. 手洗净，将寿司饭捏成团，放入盘中，将醋鲭鱼放其上，再在上面用洋葱、红椒点缀。
3. 食用时，蘸醋、酱油、芥末即可。

加州卷

材料 寿司饭 100 克，蟹子 50 克，美乃滋 20 克，黄瓜、蟹柳、玉子各适量，烤紫菜 1 张

调料 酱油 10 克，芥辣 5 克

做法

1. 黄瓜洗净，切块；玉子、蟹柳洗净，切段。
2. 取竹帘，铺上烤紫菜，撒上蟹子，将寿司饭放在上面铺平，再将紫菜翻转过来，其上置放黄瓜、蟹柳、玉子，将竹帘卷起，再松开，将加州卷切成 3 等份，装入盘中，淋上美乃滋。
3. 食用时，蘸酱油与芥辣即可。

挪威三文鱼卷

材料 米饭 80 克，三文鱼 50 克，黄瓜、芦笋各 30 克，蟹子 20 克，烤紫菜 1 张

调料 沙拉酱、日本酱油各适量

做法

1. 三文鱼治净，切片；黄瓜洗净，切片；芦笋洗净，切段。
2. 将烤紫菜铺在竹帘上，放上米饭，再放入芦笋、黄瓜和小部分三文鱼卷好，取出后分切成 3 段，摆入盘中，再将另一部分三文鱼盖在上面，挤上沙拉酱，放上蟹子。
3. 食用时配以日本酱油即可。

黑龙卷

材料 寿司饭 100 克，鱼肉 120 克，蟹柳、蟹子、黄瓜各适量，熟黑芝麻少许，烤紫菜 1 张

调料 酱油 12 克，芥末 5 克，醋少许

做法 1 鱼肉洗净，切块，入烤箱烤熟；黄瓜洗净，切丝。2 取竹帘，放上寿司饭铺平，再铺上烤紫菜，将蟹柳、黄瓜丝放在上面后卷起，切成2等份。3 将烤过的鱼块放在寿司饭上面，撒上蟹子和熟黑芝麻。食用时，蘸调味料即可。

炸多春鱼卷

材料 寿司饭 120克，多春鱼块 50克，黑芝麻、生菜、美乃滋、烤紫菜各适量

调料 酱油 15 克，芥辣 5 克

做法 1 多春鱼块入油锅炸熟，黑芝麻炒香，生菜洗净。2 取竹帘，撒上黑芝麻，将寿司饭放在上面铺平，再铺上烤紫菜，放上生菜后卷起，切3等份，装入盘中。3 放上炸过的多春鱼，淋上美乃滋即可，蘸调味料食用。

鲯鱼寿司

材料 鲯鱼肉 80 克，寿司饭 15 克，紫苏叶 2 片

调料 酱油 15 克，醋少许，芥辣 5 克

做法

1 鲯鱼肉洗净，切片；紫苏叶洗净，擦干水分。

2 手洗净，将寿司饭捏成团，放在紫苏叶上，再将鱼片放在上面。

3 食用时，蘸酱油、醋、芥辣即可。

北极贝寿司

材料 北极贝 80 克，寿司饭 12 克

调料 醋 10 克，酱油 8 克，芥末 5 克

做法

1 北极贝洗净，剔好备用。

2 洗净双手后，蘸凉开水，将寿司饭捏成团，放入盘中。

3 再将北极贝放在饭团上，食用时蘸调味料即可。

沙拉粗卷

材料 米饭 150 克，黄瓜 80 克，生菜 60 克，蟹柳 50 克，蟹子 20 克，烤紫菜 1 张

调料 日本酱油适量

做法

1. 黄瓜洗净，切条；生菜洗净；蟹柳洗净。
2. 将烤紫菜铺在竹帘上，放上一层米饭，再放入黄瓜、生菜、蟹柳、蟹子卷好，分切成小段。
3. 配以日本酱油食用即可。

金枪沙拉苹果卷

材料 米饭 150 克，金枪鱼、苹果各 50 克，烤紫菜 1 张

调料 沙拉酱、日本酱油各适量

做法

1. 金枪鱼治净，切碎；苹果洗净，切块；将苹果、金枪鱼用沙拉酱拌匀。
2. 将米饭铺在竹帘上，再铺上烤紫菜，放上拌好的苹果和金枪鱼卷起，再切成小段。
3. 食用时，蘸日本酱油即可。

金枪鱼卷

材料 米饭 150 克，金枪鱼 40 克，烤紫菜 1 张

调料 寿司醋、绿芥末、日本酱油各适量

做法

1. 米饭与寿司醋拌匀成寿司饭；金枪鱼解冻，切片。
2. 将烤紫菜摊平，放上寿司饭，涂一层绿芥末，放入金枪鱼卷好，分切成 6 段。
3. 配以日本酱油食用即可。

黄瓜手卷

材料 鸡腿 1 只，寿司饭 150 克，黄瓜 30 克，烤紫菜 1/2 张

调料 盐、鸡精各 3 克，生抽 10 克，芥辣、日本酱油各 15 克

做法

1. 鸡腿洗净，用盐、鸡精、生抽腌渍 30 分钟，然后放入锅中煮熟，捞出，沥干水分，切块，去掉骨头；黄瓜洗净，切丝。
2. 将烤紫菜平铺在手上，放上寿司饭，用手摊匀，垫上黄瓜丝，再放上鸡腿肉。
3. 然后从烤紫菜的左下角开始卷起，卷成圆锥状，再用米饭将接合处粘好即可，配芥辣、日本酱油食用。

日式紫菜三文鱼

材料 三文鱼肉 100 克，日本珍珠米 200 克，紫菜 1 张，葱段 10 克

调料 寿司醋 30 克，盐 5 克，鸡精粉 5 克，芥辣、日本酱油各适量

做法

1. 将三文鱼肉切片，日本珍珠米洗净入锅煮熟。
2. 将饭盛出，调入寿司醋、盐、鸡精粉拌匀。
3. 紫菜平铺，放上饭，再放入三文鱼肉、葱段卷起成形，配芥辣、日本酱油食用。

沙拉

吞拿鱼酿西红柿

材料 生菜 100 克，吞拿鱼 50 克，西红柿 3 个

调料 沙拉酱 100 克

做法

1. 西红柿去蒂托，洗净去籽。
2. 生菜洗净切细丝。
3. 将切好的生菜装盘，放入沙拉酱搅拌均匀。
4. 将已调好沙拉酱的生菜放入西红柿肚内，铺上吞拿鱼即可。

龙虾沙拉

材料 龙虾 1 只，熟茨仔 30 克，熟龙虾肉 50 克，熟土豆 1 个

调料 白沙拉汁 20 克，橄榄油 15 克，柠檬汁 8 克

做法

1. 将熟土豆切丁，熟龙虾去壳取肉切丁，熟茨仔切小丁。
2. 将茨仔、土豆、橄榄油、柠檬汁拌匀备用。
3. 龙虾取头尾，摆盘上下各一边，中间放入调好的沙拉，面上摆龙虾肉。
4. 再用白沙拉汁拉网即可。

烧肉沙拉

材料 五花肉 200 克，白菜 150 克

调料 酱汁、沙拉酱、葱丝、熟芝麻各适量

做法

1. 白菜洗净，撕碎，放入盘中；五花肉洗净，入沸水锅中氽熟后，晾凉切片，围在白菜旁。
2. 放上葱丝，淋入酱汁，撒上熟芝麻，配沙拉酱食用即可。

蚧子水果沙拉

材料 蚧子 30 克，什鲜果 400 克

调料 沙拉酱 20 克

做法

1. 什鲜果洗净去皮，切成方形摆在盘底。
2. 将蚧子放在什鲜果上面。
3. 调入沙拉酱拌匀即可。

蚧柳青瓜沙拉

材料 青瓜 300 克，蚧柳 10 克，生菜 2 片，西红柿 1 个

调料 盐、胡椒粉、沙拉酱各适量

做法

1. 青瓜洗净去皮，去籽，切丝，沥干水分。
2. 生菜用凉开水洗净放于碟上，蚧柳切丝。
3. 在青瓜丝中放入调味料，拌匀盛起，上面放蚧柳丝、西红柿上碟。

吞拿鱼沙拉

材料 吞拿鱼 50 克，熟茨仔 30 克，土豆 1 个

调料 白沙拉酱 50 克

做法

1. 先将土豆煮熟，去皮切大块；熟茨仔去皮，切粒。
2. 将土豆、茨仔放入碗中，加入沙拉酱拌匀。
3. 将吞拿鱼铺在上面即可食用。

泰式海鲜沙拉

材料 粉丝 100 克，虾仁 3 粒，鱿鱼 20 克，青口 2 个，鱼柳 15 克，洋葱 1/3 个，芹菜 50 克

调料 鸡精 3 克，泰国辣酱 10 克，酸辣汁 10 克，鱼露 3 克

做法

1. 用 60℃的热水泡粉丝，5 分钟后捞起沥水；将海鲜洗净焯水，捞起用凉开水冲冷。
2. 洋葱洗净切丝，芹菜切段，将以上材料倒入盘中。

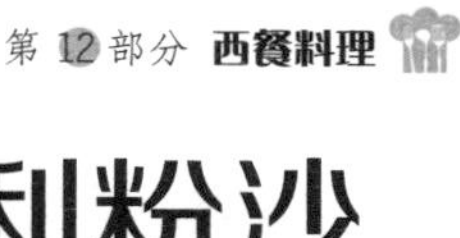

海鲜意大利粉沙

材料 鲜鱿 100 克，蟹柳 30 克，石斑 100 克，意大利粉 200 克，鲜贝、九节虾、红波椒、鲜蘑菇各适量

调料 沙拉酱适量、橄榄油 15 克

做法

1. 蘑菇洗净切薄片，红波椒切丝，海鲜放入烧开的水中稍烫后，用沙拉酱拌匀。
2. 锅中水烧开，放入意大利粉煮熟，捞出沥干水分。
3. 油烧热，放入意大利粉、海鲜、蘑菇片、红波椒炒匀至熟，装盘即可。

烟三文鱼沙拉

材料 烟三文鱼 150 克，柠檬 1 个，洋葱 1 个，沙拉生菜 60 克，水瓜柳 10 克，蛋片 2 片

做法

1. 沙拉生菜洗净后，切成块状；将已烤过的蛋片对切成两瓣，排盘，烟三文鱼摆在大盘中。
2. 洋葱洗净，切成圆圈片，排在鱼片上，撒上水瓜柳。
3. 柠檬洗净切成半圆片，和沙拉生菜一起放在三文鱼旁，另将三文鱼卷成筒形一起放在沙拉生菜中，上桌即可。

银鳕鱼芦笋沙拉

材料 冻银鳕鱼 150 克，芦笋 100 克，生菜 2 片，洋葱、西芹各 20 克，面粉 10 克

调料 青椒、红椒各 20 克，油醋汁、盐、白酒各适量

做法

1. 冻银鳕鱼解冻洗净后，用白酒、盐腌 1 分钟；芦笋洗净切段，焯水；生菜洗净摆盘。
2. 洋葱、西芹和青椒、红椒洗净切条，放于生菜上面，淋上油醋汁。
3. 油锅烧热，放入银鳕鱼煎至金黄色，取出摆于碟中，将芦笋摆于银鳕鱼旁即可。